Klett

Sicher im Abi

10-Minuten-Training Oberstufe

Mathematik Stochastik

Mit kleinen Lernportionen erfolgreich im Abi!

Heike Homrighausen

Klett Lerntraining

Vorwort

Liebe Schülerin, lieber Schüler,

Sie möchten sich fit machen für Klausuren und Prüfungen, doch die Stofffülle „erschlägt" Sie?

Keine Panik! Gehen Sie einfach einen Schritt zurück und wiederholen Sie nicht gleich alles auf einmal. Teilen Sie sich stattdessen den Lernstoff in übersichtliche, kleine Portionen ein. Denn täglich in kleineren Einheiten zu lernen, ist erfolgreicher und bringt mehr als stundenlanges Büffeln.

Dieses 10-Minuten-Training unterstützt Sie dabei, grundlegende Schlüsselthemen Schritt für Schritt zu trainieren. Dadurch erwerben Sie eine solide Basis für Klausuren und Prüfungen und gewinnen Sicherheit und Selbstvertrauen.

Lernen in kleinen Portionen = Schritt für Schritt zum Erfolg!

Alles Gute für die Oberstufe und das Abitur!

Ihre Redaktion Klett Lerntraining

Inhaltsverzeichnis

Hinweis:
In den Lösungen ist in vielen Fällen auch die Angabe für den GTR mitaufgenommen.
Haben Sie einen TR oder WTR zur Verfügung, müssen Sie die Aufgaben durch Probieren oder mithilfe von Listen/Tabellen lösen.

1 Grundlagen

Wichtige Begriffe

Tipp

Ein **Zufallsexperiment** (Zufallsversuch) ist ein Vorgang mit zufälligem Ausgang.
Jeder mögliche Ausgang heißt **Ergebnis**.

Bei einem Zufallsexperiment gilt:

- Der Vorgang ist (zumindest theoretisch) beliebig oft nach den gleichen Regeln durchführbar.
- Es gibt mindestens zwei (verschiedene) Ergebnisse. Alle möglichen Ergebnisse können schon bei der Durchführung angegeben werden. Sie bilden die **Ergebnismenge S**.
- Jedes Ergebnis ist zufällig, d.h. es kann nicht vorhergesagt werden.

Jedem Ergebnis kann ein Wert zwischen 0 und 1 zugeordnet werden, die **Wahrscheinlichkeit**. Dieser Wert ist eine Einstufung nach dem Grad der Gewissheit und gibt an, mit welchem Wert ein Ergebnis erwartet wird.

Wahrscheinlichkeiten sind **Anteile**, deshalb können sie als **Bruch** und **Prozent** dargestellt werden. Da alle möglichen Ergebnisse das ganze Zufallsexperiment beschreiben, ist die **Summe der Wahrscheinlichkeiten** aller Ergebnisse

$$1 = 100\,\%.$$

Ein **Ereignis** ist eine (beliebige) Zusammenfassung von Ergebnissen eines Zufallsexperiments. Ereignisse werden mit Großbuchstaben bezeichnet.
Das **Gegenereignis** ist das Gegenteil eines Ereignisses und wird mit einem Querstrich über dem zugehörigen Großbuchstaben bezeichnet.

Für die Wahrscheinlichkeit eines Gegenereignisses $\overline{E}$ gilt:

$$P(\overline{E}) = 1 - P(E).$$

Ein Zufallsexperiment, bei dem alle möglichen Ergebnisse gleichwahrscheinlich sind, heißt **Laplace-Experiment**. Jedes Ergebnis E hat die gleiche Wahrscheinlichkeit und es gilt:

$$P(E) = \frac{1}{\text{Anzahl aller Ergebnisse}}.$$

Für die Wahrscheinlichkeit eines Ereignisses A gilt:

$$P(A) = \frac{\text{Anzahl aller günstigen Ergebnisse}}{\text{Anzahl aller Ergebnisse}}.$$

Tipp

Ein Baumdiagramm kann von links nach rechts oder von oben nach unten gezeichnet werden.

In der deutschen Sprache ist der Gebrauch der Wörter „und" und „oder" nicht immer eindeutig, in der Mathematik dagegen schon.

Mit einem **Baumdiagramm** lassen sich Zufallsexperimente übersichtlich darstellen. Jedes Baumdiagramm besteht aus einem Anfangspunkt, von dem so viele Äste (Zweige) abgehen, wie das Zufallsexperiment Ergebnisse hat. Am Ende eines Astes steht das zugehörige Ergebnis, an dem Ast die zugehörige Wahrscheinlichkeit.

Wenn zwei (oder mehr) Ereignisse eines Zufallsexperiments mit „und" oder „oder" zu einem Ereignis zusammengefasst werden, spricht man von der **Verknüpfung von Ereignissen**. A **und** B umfasst alle Ereignisse, die sowohl in A als auch in B enthalten sind. Man schreibt dafür auch $A \cap B$.
A **oder** B umfasst alle Ereignisse, die in A oder B enthalten sind.
Man schreibt dafür auch $A \cup B$.

Beispiel: Werfen eines Würfels

Beim einmaligen Würfeln können die Augenzahlen von 1 bis 6 geworfen werden.
Die zugehörige Ergebnismenge ist $S = \{1;2;3;4;5;6\}$.
Bei einem idealen Würfel sind alle Ergebnisse gleichwahrscheinlich und es ist
$P(1) = P(2) = P(3) = P(4) = P(5) = P(6) = \frac{1}{6}$.

Ein mögliches Ereignis ist z. B.
A: eine gerade Zahl. Es ist $A = \{2;4;6\}$ und somit $P(A) = \frac{3}{6} = \frac{1}{2}$.

Gegenereignis ist $\overline{A}$: eine ungerade Zahl. Es ist $P(\overline{A}) = 1 - P(A) = \frac{3}{6} = \frac{1}{2}$.

Wir betrachten das Ereignis B:
Augenzahl größer als 4

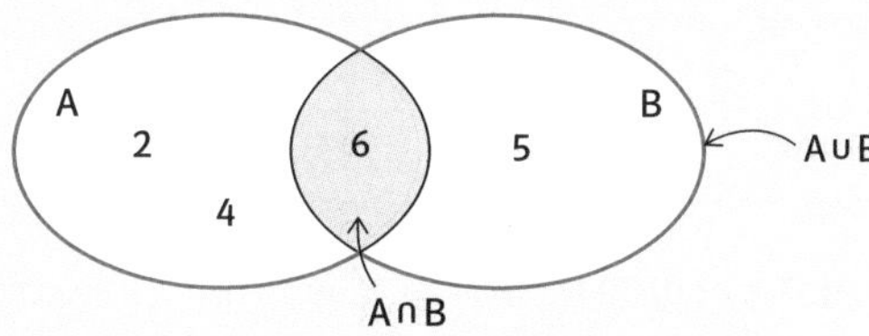

$A \cap B$: gerade Zahl und größer als 4, also $A \cap B = \{6\}$; $P(A \cap B) = \frac{1}{6}$

$A \cup B$: gerade Zahl oder größer als 4, also $A \cup B = \{2;4;5;6\}$; $P(A \cup B) = \frac{4}{6} = \frac{2}{3}$

Mithilfe der zwei sogenannten Pfadregeln kann man die Wahrscheinlichkeiten von Ereignissen von mehrstufigen Zufallsexperimenten berechnen.

1. Pfadregel (Produktregel):
Bei einem mehrstufigen Zufallsexperiment erhält man die Wahrscheinlichkeit eines Pfades, indem man die zugehörigen Wahrscheinlichkeiten längs dieses Pfades **multipliziert**.

2. Pfadregel (Summenregel):
Gehören mehrere Ergebnisse zu einem (bestimmten) Ereignis, dann müssen alle günstigen Pfade berücksichtigt werden. Die zu den Pfaden gehörenden Wahrscheinlichkeiten werden dann **addiert**.

1 **In einer Lostrommel befinden sich zehn Kugeln, die mit den Zahlen 0; 1 und 2 beschriftet sind. Es werden nacheinander 2 Kugeln mit Zurücklegen gezogen.**

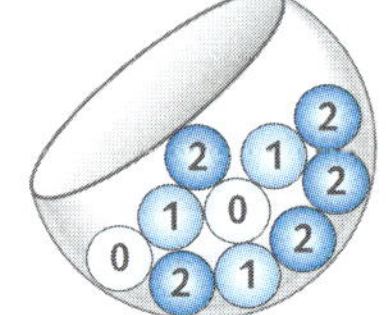

a) Zeichnen Sie das zugehörige Baumdiagramm.

b) Bestimmen Sie die Wahrscheinlichkeiten für die folgenden Ereignisse:

A: Es wird eine 0 und eine 1 gezogen.

B: Es wird keine 1 gezogen.

C: Es wird mindestens eine 1 gezogen.

2 **Auf einem Tisch liegen verdeckt acht Spielkarten (vier Asse, drei Könige und eine Zehn). Es werden zwei zufällig gewählte Karten aufgedeckt.**

Zeichnen Sie ein Baumdiagramm und berechnen Sie die Wahrscheinlichkeit der folgenden Ereignisse:

A: Eine Zehn und ein Ass liegen aufgedeckt auf dem Tisch.

B: Es wird kein König aufgedeckt.

3 **Ein 4er-Legostein wird mit den Zahlen von 1 bis 6 beschriftet. Beim Werfen erscheinen die Zahlen mit den in der Tabelle notierten Wahrscheinlichkeiten.**

Ergebnis E	1	2	3	4	5	6
P(E)	0,5	0,06	0,06	0,26	0,06	0,06

Der Legostein wird zweimal geworfen. Bestimmen Sie die Wahrscheinlichkeiten für das Eintreten der angegebenen Ereignisse:

A: zweimal die 1

B: einmal die 1

C: genau eine gerade Zahl

D: zweimal die gleiche Zahl

4 **Ein neues Medikament wird getestet. Es soll in 80 % aller Fälle wirken. Fünf Personen wird das Medikament verabreicht.**

Berechnen Sie die Wahrscheinlichkeiten für folgende Ereignisse:

A: Das Medikament wirkt bei genau drei Personen.

B: Das Medikament wirkt bei keiner Person.

C: Das Medikament wirkt bei höchstens zwei Personen.

D: Das Medikament wirkt bei mindestens vier Personen.

E: Das Medikament wirkt bei allen Personen.

Tipp

Besteht ein Zufallsexperiment aus mehreren möglichen Ergebnissen und Durchführungen, wird ein Baumdiagramm aufgrund der hohen Anzahl der Äste schnell ziemlich unübersichtlich. Deshalb kannst du dir viel Arbeit beim Zeichnen ersparen, wenn du nur einen Teil des Baumdiagramms zeichnest.

5 **In einer Dose befinden sich 14 gelbe, 12 orangefarbene und 24 blaue Kugeln. Moritz zieht drei Kugeln, legt aber nach jedem Zug die Kugel wieder zurück.**

Bestimmen Sie die Wahrscheinlichkeiten für die folgenden Ereignisse:

A: drei gleichfarbige Kugeln

B: zwei blaue und eine gelbe Kugel

C: keine orangefarbene Kugel

6 **In einer Loskugel befinden sich zehn Kugeln, die mit Buchstaben beschriftet sind.**

a) Pauline zieht dreimal eine Kugel, notiert den Buchstaben und legt die Kugel wieder zurück. Bestimmen Sie die Wahrscheinlichkeit für die folgenden Wörter.

A: TUN

B: NUN

C: TON

D: NOT

E: TUT

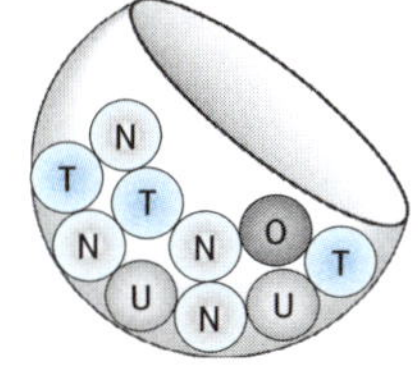

b) Nun zieht Anna dreimal. Sie legt die gezogenen Kugeln aber nicht mehr zurück. Bestimmen Sie die veränderten Wahrscheinlichkeiten für die Ereignisse aus Teilaufgabe a).

7 **Die Tabelle zeigt, wie häufig die einzelnen Blutgruppen in Deutschland vorkommen. Vier Personen kommen zur Blutspende.**

0	A	B	AB
41 %	43 %	11 %	5 %

Bestimmen Sie die Wahrscheinlichkeiten für die folgenden Ereignisse:

A: Genau 2 Personen haben die Blutgruppe B.

B: Alle vier Personen haben die Blutgruppe 0.

C: Alle vier haben eine unterschiedliche Blutgruppe.

D: Keine Person hat die Blutgruppe AB.

E: Zwei Personen haben die Blutgruppe 0 und zwei Personen haben die Blutgruppe A.

Zufallsgröße, Wahrscheinlichkeitsverteilung, Erwartungswert

Was ist eine Zufallsvariable?

Mit der **Zufallsvariablen X** können die **Ereignisse eines Zufallsexperiments** beschrieben werden. Die Zufallsvariable X (auch **Zufallsgröße** genannt) ordnet jedem Ergebnis eine Zahl bzw. einen Wert zu. Die zugeordneten Zahlen bzw. Werte werden oft mit k oder x_i bezeichnet und heißen auch Werte oder Realisation der Zufallsvariablen. Damit kann man ein Zufallsexperiment mathematisch mit Zahlen modellieren statt nur verbal beschreiben.

Tipp

Mathematisch exakt beschrieben ist die Zufallsvariable X eine Funktion, die jedem Ergebnis eines Zufallsexperiments genau eine Zahl bzw. Größe k zuordnet. Sie darf nicht mit der Variablen bei „normalen" Funktionen verwechselt werden.

Beispiel 1: Eine Zufallsvariable beim Werfen mit zwei Würfeln angeben

Zwei Würfel werden geworfen.

a) Die Zufallsvariable X zählt die Augensumme.
Dann kann X die Werte 2;3;4;5;6;7;8;9;10;11;12 annehmen.

b) Bei einem Einsatz von 1 € werden 5 € ausbezahlt, wenn eine zuvor bestimmte Zahl zweimal geworfen wird. 1 € erhält man, wenn die Zahl einmal gewürfelt wird. Ansonsten ist der Einsatz verloren. Die Zufallsvariable X beschreibt den Gewinn.
X kann dann die Werte 4 €; 0 € oder −1 € annehmen.

Was ist eine Wahrscheinlichkeitsverteilung?

Die **Wahrscheinlichkeitsverteilung** (auch Verteilung der Zufallsvariablen oder Wahrscheinlichkeitsmaß genannt) ordnet jedem Wert k der Zufallsvariablen X die zugehörige Wahrscheinlichkeit P(X = k) zu. Da die Wahrscheinlichkeitsverteilung eine Funktion ist, kann man sie in einer **Tabelle** oder auch grafisch in einem **Histogramm** (Säulendiagramm) darstellen. Die Wahrscheinlichkeitsverteilung ist also eine **Übersicht über die Wahrscheinlichkeiten** aller Ereignisse, die zu der Zufallsvariablen gehören.

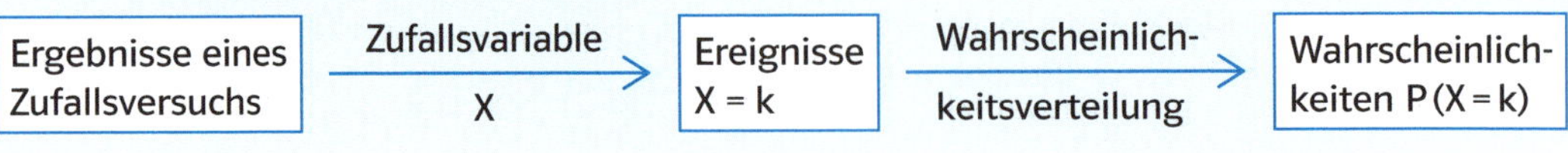

8 **Zwei Würfel werden geworfen. Bei einem Einsatz von 1 € werden 5 € ausbezahlt, wenn die Zahl „6" zweimal geworfen wird. 1 € erhält man, wenn die „6" einmal gewürfelt wird. Ansonsten ist der Einsatz verloren.**

Geben Sie die Wahrscheinlichkeitsverteilung für „Gewinn" an und stellen Sie sie in einem Histogramm dar.

Tipp

Was ist der Erwartungswert einer Zufallsvariablen?

Der **Erwartungswert $E(X) = \mu$** ist eine Kenngröße zur Beurteilung einer Zufallsvariablen X. Mit dem Erwartungswert kann man berechnen, welcher Wert für die Zufallsvariable nach vielen Durchführungen des Zufallsexperiments **durchschnittlich zu erwarten** ist.
Man berechnet den Erwartungswert, indem man jeden **Wert der Zufallsvariablen mit der zugehörigen Wahrscheinlichkeit multipliziert** und dann die einzelnen Produkte addiert. Kurz:

$$E(X) = \boxed{x_1} \cdot \boxed{P(X = x_1)} + x_2 \cdot P(X = x_2) + \ldots + x_i \cdot P(X = x_i)$$

Wert der Zufallsvariablen (zu x_1)
Wahrscheinlichkeit der Zufallsvariablen (zu $P(X = x_1)$)

Der Erwartungswert entspricht dem Mittelwert, mit dem auf lange Sicht zu rechnen ist. Der Mittelwert bezieht sich auf die Vergangenheit, der Erwartungswert richtet sich (mit Prognosen) in die Zukunft.

Beachten Sie:
Der Erwartungswert muss kein mögliches Ergebnis repräsentieren, das heißt kein Wert der Zufallsvariablen sein. Entspricht dem Erwartungswert aber ein mögliches Ergebnis, so ist der Erwartungswert im **Histogramm der k-Wert mit der höchsten Säule**, d.h. der k-Wert mit der höchsten Wahrscheinlichkeit.

Wann ist ein Spiel fair?

Beschreibt die Zufallsvariable X den Gewinn bei einem Glücksspiel und ist E(X) der zugehörige Erwartungswert, dann gilt:

- Ist der Erwartungswert größer null, gilt also $E(X) > 0$, so nennt man das Spiel **günstig** für den Spieler.
- Ist der Erwartungswert null, gilt also $E(X) = 0$, dann ist das Spiel **fair**, d.h. auf lange Sicht gewinnt der Spieler nichts, er verliert aber auch nichts.
- Ist der Erwartungswert kleiner als null, gilt also $E(X) < 0$, dann nennt man das Spiel **ungünstig** bzw. **unfair** für den Spieler.

9 **Berechnen Sie den Erwartungswert der dargestellten Wahrscheinlichkeitsverteilung.**

k	−2	0	1	2
P(X = k)	$\frac{1}{4}$	$\frac{1}{6}$	$\frac{1}{2}$	$\frac{1}{12}$

10 **Es wird mit zwei Tetraederwürfeln gewürfelt.
Die Zufallsgröße X beschreibt die Augensumme.**

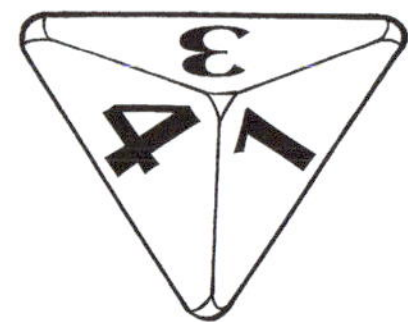

a) Geben Sie die zugehörige Wahrscheinlichkeitsverteilung an.

b) Berechnen Sie den Erwartungswert.

11 **Eine Urne enthält 4 rote und 3 weiße Kugeln. 2 Kugeln werden mit Zurücklegen gezogen. Die Zufallsgröße X beschreibt die Anzahl der roten Kugeln unter den gezogenen Kugeln.**

a) Geben Sie die zugehörige Wahrscheinlichkeitsverteilung an.

b) Berechnen Sie den Erwartungswert.

12 **Zwei Würfel werden geworfen. Bei einem Einsatz von 1 € werden 5 € ausbezahlt, wenn die Zahl „6" zweimal geworfen wird. 1 € erhält man, wenn die „6" einmal gewürfelt wird. Ansonsten ist der Einsatz verloren.
Die Zufallsvariable X beschreibt den Gewinn.**

X = k	−1 €	0 €	4 €
P (X = k)	$\frac{25}{36}$	$\frac{10}{36}$	$\frac{1}{36}$

Berechnen Sie den Erwartungswert und begründen Sie, ob das Spiel fair ist.

13 **Ein idealer Würfel wird für ein Glücksspiel mit 3 Einsen, 2 Zweien und 1 Sechs beschriftet. Bei einem Einsatz von 1 ct darf man zwei Mal würfeln. Dabei muss man bei jeder gewürfelten Eins noch 1 ct zahlen, bei jeder Zwei erhält man 1 ct ausbezahlt und bei jeder gewürfelten Sechs sogar 2 ct.**

a) X sei die Zufallsgröße für Gewinn. Überlegen Sie zuerst, welche Werte X annehmen kann, und bestimmen Sie dann die zugehörige Wahrscheinlichkeitsverteilung.

b) Ist das Spiel fair? Begründen Sie.

14 **Bei einem Schulfest werden 100 Lose verkauft. Es gibt drei Hauptgewinne. Der 1. Preis hat einen Wert von 100 €, der 2. Preis von 25 € und der 3. Preis von 10 €. Jeder, der eine Niete zieht, erhält einen Trostpreis im Wert von 1 €.**

Bestimmen Sie, wie groß der Verkaufspreis für ein Los sein müsste, damit Einnahmen und Ausgaben übereinstimmen.

15 **Es werden zwei Würfel geworfen. Der Einsatz beträgt 2 €. Wird ein Pasch, also zwei gleiche Zahlen geworfen, erhält man 5 € ausgezahlt. Würfelt man eine Augendifferenz von 5 Punkten, werden 10 € ausgezahlt, bei einer Augendifferenz von 1 Punkt erhält man seinen Einsatz zurück.**

Bei welchem Einsatz wäre das Spiel fair? Begründen Sie.

16 **Eine Firma stellt Spielzeugfiguren her, die zu 95 % einwandfrei sind. Die Herstellungskosten betragen 1 € pro Figur. Ist eine Figur fehlerhaft, so darf sie der Kunde behalten und er bekommt kostenlos eine einwandfreie Figur.**

Bestimmen Sie, zu welchem Preis die Firma eine Spielzeugfigur verkaufen muss, wenn sie pro Figur einen Gewinn von 10 ct erzielen möchte.

17 **Für das anstehende Schulfest überlegt sich eine Klasse ein Glücksspiel. Es werden drei Würfel geworfen. Jedes Mal, wenn ein Würfel mindestens eine 5 zeigt, wird das Spielkapital verdoppelt, ansonsten wird es halbiert.**

a) Zeichnen Sie ein vereinfachtes Baumdiagramm für dieses Spiel.

b) Bestimmen Sie, mit wie vielen Bonbons ein Besucher am Ende des Spiels rechnen kann, wenn er mit einem Startkapital von 20 Bonbons antritt.

Kombinatorik

Tipp

Was ist Kombinatorik?

Besteht ein Zufallsexperiment aus vielen Durchführungen bzw. Stufen, dann wird das Baumdiagramm zu groß zum Zeichnen, z. B. beim mehrmaligen Werfen eines Würfels. Um herauszufinden, wie viele Pfade zu einem Ereignis gehören, helfen Abzählverfahren aus der Kombinatorik.

Die **Kombinatorik** ist das Teilgebiet der Mathematik, das sich mit der **Bestimmung von Anzahlen** bzw. Kombinationen beschäftigt.

Was sind Permutationen?

Die **Anzahl der Anordnungen einer Menge** nennt man **Permutationen**.

Besteht eine Menge aus n Elementen, dann gibt es

$$n \cdot (n-1) \cdot (n-2) \cdot \ldots \cdot 2 \cdot 1 = n! \quad \textit{(sprich: „n Fakultät“)}$$

Permutationen. Das heißt anschaulich, es gibt für den 1. Platz n Elemente, für den 2. Platz $n-1$ Elemente usw., für den vorletzten Platz bleiben noch 2 Elemente übrig und für den letzten Platz noch 1.
Dies kann man sich so vorstellen: Man hat n durchnummerierte Plätze und verteilt die n Elemente auf die Plätze. Das Produkt $n!$ besteht also aus n Faktoren.
Man legt fest: $0! = 1$.

Beispiel: Permutationen bestimmen

a) Berechnen Sie 5!

$5! = 5 \cdot 4 \cdot 3 \cdot 2 \cdot 1 = 120$

b) Berechnen Sie, wie viele Möglichkeiten es gibt, 4 Blumentöpfe auf einer Fensterbank aufzustellen.

Es gibt $4! = 4 \cdot 3 \cdot 2 \cdot 1 = 24$ Möglichkeiten.

18 **Bestimmen Sie, wie viele Passwörter es gibt ...**

a) mit erst 2 Kleinbuchstaben und dann 2 Ziffern.

b) mit erst 2 Buchstaben (Groß- und Kleinbuchstaben) und dann nur 1 Ziffer.

c) mit 6 Kleinbuchstaben.

d) mit 4 Buchstaben (Groß- und Kleinbuchstaben).

e) mit 4 Ziffern.

Tipp

Abzählverfahren aus der Kombinatorik

Die folgenden Fälle betrachten jeweils eine Stichprobe von k aus n Elementen, d.h. sie beantworten die Frage, wie viele Möglichkeiten es gibt, k Elemente aus n Elementen auszuwählen. Alle diese vier Fälle lassen sich zurückführen auf das **Ziehen von k Kugeln aus einer Urne mit n Kugeln**.

Man kann **Ziehen mit Zurücklegen** oder **ohne Zurücklegen** der Kugeln und man kann die gezogenen Kugeln **mit** oder **ohne Beachtung der Reihenfolge** anordnen.

Anzahl der Möglichkeiten, k aus n Elementen auszuwählen:

	mit Berücksichtigung der Reihenfolge	**ohne Berücksichtigung der Reihenfolge**
mit Zurücklegen	n^k	$\binom{n+k-1}{k}$
ohne Zurücklegen	$\underbrace{n \cdot (n-1) \cdot (n-2) \cdot \ldots \cdot (n-k+1)}_{\text{k Faktoren}}$	Anzahl der Möglichkeiten, aus n Kugeln k Kugeln ohne Zurücklegen zu ziehen $\binom{n}{k} = \frac{\overbrace{n \cdot (n-1) \cdot (n-2) \cdot \ldots \cdot (n-k+1)}^{\text{k Faktoren}}}{k!}$ Die Möglichkeiten von oben können auf k! Arten umgestellt werden.

Der Binomial-koeffizient $\binom{n}{k}$ wird auf S. 22 genauer erklärt.

Beispiel: Ungeordnete Stichprobe

a) Auf wie viele Arten kann man 4 aus 12 Personen wählen?

$\binom{12}{4} = 495$

b) Leni kann von ihren 8 Freundinnen nur 5 zu ihrem Geburtstag einladen. Mit welcher Wahrscheinlichkeit ist ihre Freundin Pia dabei, wenn Svenja die Auswahl zufällig (durch Losentscheid) trifft?

Es gibt $\binom{8}{5} = 56$ mögliche und

$\binom{1}{1} \cdot \binom{7}{4} = 35$ günstige Ergebnisse.

Also beträgt die Wahrscheinlichkeit, dass sie ihre Freundin Pia auswählt

$\frac{35}{56} = 0{,}625$.

19 **Wie viele Wege führen von A nach C? Kreuzen Sie die richtige Antwort an.**

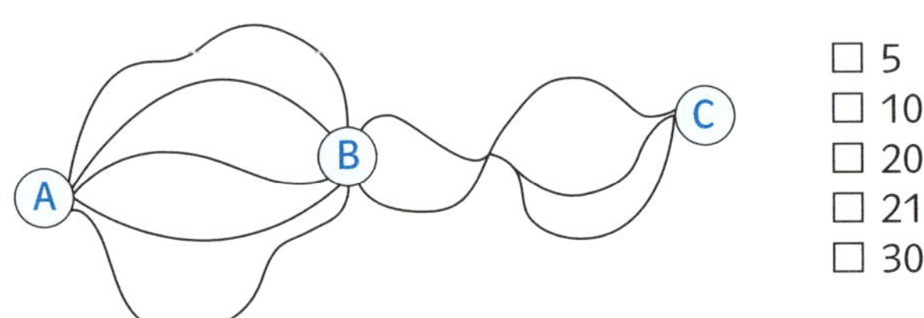

☐ 5
☐ 10
☐ 20
☐ 21
☐ 30

20 **Frau Wunderschön hat 8 Blusen, 10 Ketten, 5 Hosen und 7 Paar Schuhe.**

Geben Sie an, auf wie viele Arten sie sich kleiden kann.

21 **Wie viele Autokennzeichen aus zwei Buchstaben kann es maximal geben?**

Kreuzen Sie den Term an, mit dem man diese Aufgabe lösen kann.

☐ 26 ☐ 26 + 26 ☐ $26 \cdot 2$ ☐ 26^2

22 **Ein Tetraederwürfel mit den Augenzahlen 1, 2, 3 und 4 wird fünfmal geworfen.**

Bestimmen Sie, wie viele verschiedene Ergebnisse gibt es.

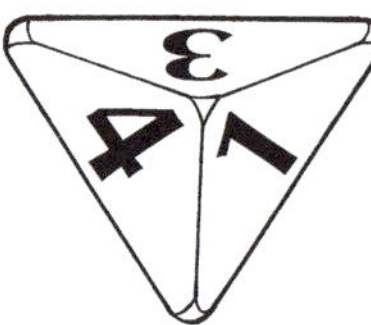

23 **24 Schüler stellen sich in einer Reihe auf. Wie viele Möglichkeiten gibt es dafür?**

Mit welchem Term kann man diese Aufgaben lösen? Kreuzen Sie an.

☐ $24 \cdot 1$ ☐ 24^{23} ☐ 24! ☐ $\binom{1}{24}$

24 **Vier Freunde laufen um die Wette.**

Wie viele Möglichkeiten des Zieleinlaufes gibt es? Kreuzen Sie die richtige Antwort an.

☐ 1 ☐ 4 ☐ 10 ☐ 24

25 **In einem Raum stehen 7 Kerzen.**

Bestimmen Sie, wie viele Möglichkeiten es gibt, dass

a) genau 5 Kerzen brennen.

b) mindestens 5 Kerzen brennen.

Tipp

Berechnen der Wahrscheinlichkeit beim mehrmaligen Ziehen

Handelt es sich bei dem Zufallsexperiment um einen Laplace-Versuch, d.h. sind alle Ausgänge gleichwahrscheinlich, dann kann man auch beim mehrmaligen Ziehen mit und ohne Wiederholungen die Wahrscheinlichkeit eines Ereignisses A mit der Laplace-Formel ausrechnen.
Es gilt:

$$P(A) = \frac{\text{Anzahl aller günstigen Ergebnisse}}{\text{Anzahl aller möglichen Ergebnisse}}$$

Anzahlen können dabei mithilfe der Zählregeln aus der Kombinatorik bestimmt werden.

a) Anordnung von k Elementen: $k!$

b) geordnete Auswahl mit Wiederholungen: n^k

c) geordnete Auswahl ohne Wiederholungen: $n \cdot (n-1) \cdot \ldots \cdot (n-k+1)$

d) ungeordnete Auswahl ohne Wiederholungen: $\frac{n \cdot (n-1) \cdot \ldots \cdot (n-k+1)}{k!}$

26 **Charlotte und Tim gehen mit zwei weiteren Freunden ins Kino. Sie kaufen 4 nummerierte Platzkarten und verteilen diese willkürlich untereinander.**

Bestimmen Sie die Wahrscheinlichkeiten für:

a) Charlotte sitzt zwischen zwei Freunden.

b) Charlotte und Tim sitzen nebeneinander.

c) Charlotte und Tim sitzen außen.

27 **Sechs Freunde gehen gemeinsam zum Fußballspiel ins Stadion. Es sitzen drei Mädchen und drei Jungen nebeneinander in einer Sitzreihe.**

a) Begründen Sie, dass es 72 Möglichkeiten gibt, bei denen jeweils ein Mädchen neben einem Jungen sitzt.

b) Bestimmen Sie, wie groß die Wahrscheinlichkeit dafür ist, dass bei einer zufälligen Verteilung der Platzkarten genau diese Möglichkeit aus Teilaufgabe a) eintritt.

28 **Bei einem Multiple-Choice-Test gibt es 5 Fragen mit jeweils 4 Antwortmöglichkeiten. Ein Schüler hat keine Ahnung und kreuzt bei jeder Frage eine Antwort willkürlich an.**

Bestimmen Sie, wie groß ist die Wahrscheinlichkeit ist, dass er alle Antworten richtig angekreuzt hat.

29 **Auf einer Party werden unter zehn Gästen ein 1., ein 2. und ein 3. Preis verlost. Die Geschwister Miriam, Samuel und Jonathan nehmen an der Verlosung teil.**

Berechnen Sie die Wahrscheinlichkeiten für die folgenden Ereignisse:

A: Miriam gewinnt den 1. Preis, Samuel den 2. Preis und Jonathan den 3. Preis.

B: Jeder der drei Geschwister gewinnt einen Preis.

C: Nur Samuel gewinnt einen Preis.

D: Keiner gewinnt einen Preis.

30 **4 Karten mit den Buchstaben ADEL werden verdeckt gezogen. Wie groß ist die Wahrscheinlichkeit, dass genau das Wort LADE gezogen wird?**

Kreuzen Sie die richtige Lösung an.

☐ $\frac{1}{4}$ ☐ $\frac{1}{16}$ ☐ $\frac{1}{24}$ ☐ $\frac{1}{256}$

31 **Ein Hersteller produziert Flaschen. In der Regel sind bei einer Produktion von 100 Flaschen 10 Flaschen fehlerhaft. Ein Mitarbeiter greift sich 3 Flaschen aus einer Produktionsreihe.**

Berechnen Sie die Wahrscheinlichkeiten für die folgenden Ereignisse:

A: Alle 3 Flaschen sind fehlerfrei.

B: Mindestens eine Flasche ist fehlerhaft.

32 **In einer Schülergruppe mit 6 Mädchen und 4 Jungen werden drei Preise verteilt. Mit welcher Wahrscheinlichkeit erhalten mindestens ein Mädchen und mindestens ein Junge einen Preis?**

Kreuzen Sie die richtige Antwort an.

☐ ≈ 0,0014 ☐ ≈ 0,0417 ☐ ≈ 0,0333 ☐ ≈ 0,2 ☐ ≈ 0,8

33 **In einer Urne befinden sich 6 weiße und 4 schwarze Kugeln. Es werden 5 Kugeln mit Zurücklegen gezogen.**

Berechnen Sie die Wahrscheinlichkeiten für die folgenden Ereignisse:

A: nur weiße Kugeln

B: abwechselnd weiße und schwarze Kugeln

Bedingte Wahrscheinlichkeiten und stochastische Unabhängigkeit

Tipp

Verknüpfung von Ereignissen

Wenn in der deutschen Sprache die Wörter „und“ und „oder“ gebraucht werden, ist das nicht immer eindeutig. In der Mathematik ist der Gebrauch dieser beiden Wörter eindeutig.
In der Mathematik spricht man von einem nicht ausschließenden oder. „Es regnet oder es schneit“ bedeutet mathematisch, es regnet oder es schneit oder es gibt Schneeregen.

„und“	„oder“
A und B bezeichnet die **Schnittmenge**, in der alle Ergebnisse enthalten sind, die sowohl in A als auch in B enthalten sind. Man schreibt dafür auch **A ∩ B**.	A oder B bezeichnet die **Vereinigungsmenge**, in der alle Ergebnisse enthalten sind, die in A oder in B enthalten sind. Die zugehörigen Ergebnisse müssen also in mindestens einem Ereignis erhalten sein. Man schreibt dafür auch **A ∪ B**.
Beispiel: In einer Urne befinden sich 8 nummerierte Kugeln. A: Zahl größer 5; B: gerade Zahl	
$A \cap B = \{6;8\}$ $A \cap B$: Zahl größer als 5 und gerade Zahl 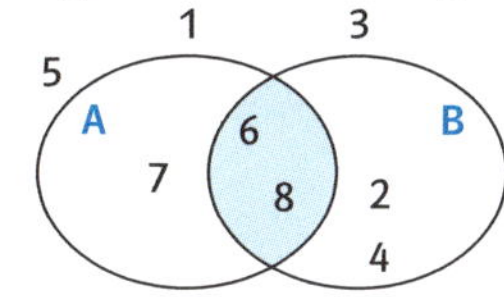 $P(A \cap B) = \frac{1}{8} + \frac{1}{8} = \frac{2}{8} = \frac{1}{4} = 0{,}25$	$A \cup B = \{2;4;6;7;8\}$ $A \cup B$: Zähler größer als 5 oder gerade Zahl 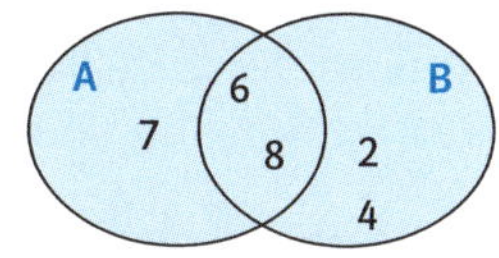 $P(A \cup B) = \frac{1}{8} + \frac{1}{8} + \frac{1}{8} + \frac{1}{8} + \frac{1}{8} = 5 \cdot \frac{1}{8} = \frac{5}{8} = 0{,}625$ oder mit dem Additionssatz: $P(A \cup B) = P(A) + P(B) - P(A \cap B) = \frac{3}{8} + \frac{4}{8} - \frac{2}{8} = \frac{5}{8}$

Was ist die bedingte Wahrscheinlichkeit?

Im Beispiel oben sind die Ergebnisse voneinander unabhängig.
Beim Ziehen ohne Zurücklegen ist die Wahrscheinlichkeit für ein bestimmtes Ereignis abhängig von der Wahrscheinlichkeit des vorigen Ereignisses. Dies nennt man **bedingte Wahrscheinlichkeit**.

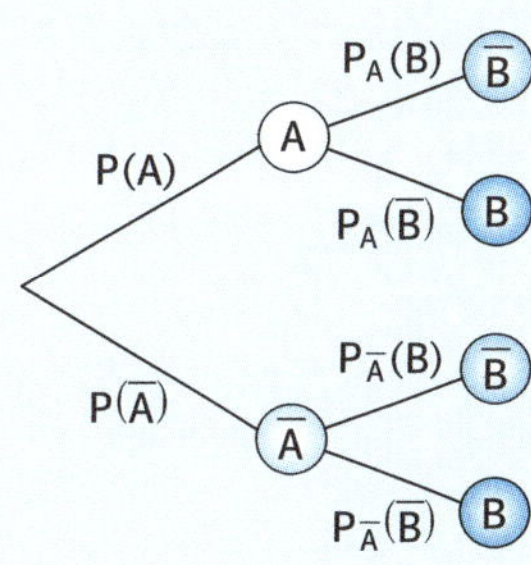

Es gilt: $P_A(B)$ ist die bedingte Wahrscheinlichkeit für das Ereignis B, wenn davor das Ereignis A eingetreten ist.
Für die Wahrscheinlichkeit gilt: $P(A \cap B) = P(A) \cdot P_A(B)$, also gilt

$$P_A(B) = \frac{P(A \cap B)}{P(A)}.$$

Tipp

Bedingte Wahrscheinlichkeiten berechnen – die Vierfeldertafel

Hat man zwei Ereignisse A und B, kennt man auch die Gegenereignisse $\overline{A}$ und $\overline{B}$. Mit einer **Vierfeldertafel** kann man die Kombinationen dieser vier Ereignisse mit den zugehörigen Häufigkeiten eintragen und damit die zugehörigen Wahrscheinlichkeiten berechnen.

Häufigkeiten können als absolute oder relative Häufigkeiten angegeben werden

	A	$\overline{A}$	Summe
B	$P(A \cap B)$	$P(\overline{A} \cap B)$	$P(B) = P(A \cap B) + P(\overline{A} \cap B)$
$\overline{\mathbf{B}}$	$P(A \cap \overline{B})$	$P(\overline{A} \cap \overline{B})$	$P(\overline{B}) = P(A \cap \overline{B}) + P(\overline{A} \cap \overline{B})$
Summe	$P(A) = P(A \cap B) + P(A \cap \overline{B})$	$P(\overline{A}) = P(\overline{A} \cap B) + P(\overline{A} \cap \overline{B})$	$1 = 100\,\%$

Beispiel:

A: Schüler, die Mathematik als Leistungsfach gewählt haben

$\overline{A}$: Schüler, die Mathematik nicht als Leistungsfach gewählt haben

B: Schüler, die Mathematik mögen

$\overline{B}$: Schüler, die Mathematik nicht mögen

	A	$\overline{A}$	Summe
B	32	32	64
$\overline{\mathbf{B}}$	10	26	36
Summe	42	58	100

Aus einer Kursstufe werden zufällig Schüler ausgewählt. Geben Sie das zugehörige Ereignis als Formel und in Worten an und bestimmen Sie die zugehörigen Wahrscheinlichkeiten.

a) Ein Schüler hat Mathematik als Leistungsfach gewählt.
$P(A) = \frac{42}{100} = 0{,}42 = 42\,\%$

b) Ein Schüler mag Mathematik nicht.
$P(\overline{B}) = \frac{36}{100} = 0{,}36 = 36\,\%$

c) $A \cap B$
Ein Schüler wählt Mathe als Leistungsfach und mag Mathe; $P(A \cap B) = \frac{32}{100} = 0{,}32 = 32\,\%$

d) Ein Schüler hat Mathematik nicht als Leistungsfach gewählt, wenn man weiß, dass der Schüler Mathe mag.
$P_B(\overline{A}) = \frac{32}{64} = \frac{1}{2} = 50\,\%$

e) $P_A(B)$
Die Schüler haben Mathe als Leistungsfach gewählt. Ein Schüler davon mag Mathe.
$P_A(B) = \frac{32}{42} \approx 0{,}762 = 76{,}2\,\%$

34 **Ein neues Medikament wird in einem Versuch getestet. Dabei erhalten die Versuchspersonen entweder das Medikament (A) oder ein sogenanntes Placebo-Präparat $(\overline{A})$ verabreicht. Danach wird untersucht, bei wie vielen Personen sich eine Wirkung einstellt (B) oder nicht $(\overline{B})$.**

Dabei wurden folgende Ergebnisse festgehalten:

	B	$\overline{B}$	Summe
A	629	9	638
$\overline{A}$	29	438	467
Summe	658	447	1105

a) Ergänzen Sie die Vierfeldertafel mit den zugehörigen relativen Häufigkeiten bzw. Wahrscheinlichkeiten.

b) Bestimmen Sie, wie groß die Wahrscheinlichkeit ist, dass das Medikament bei einer Person wirkt, die das Medikament genommen hat.

c) Bestimmen Sie, wie groß ist die Wahrscheinlichkeit, dass eine Person keine Wirkung zeigt, die nicht das Medikament genommen hat.

35 **In einer Zeitung stehen Werbeanzeigen.**
Eine Werbeagentur geht davon aus, dass 40 % aller Zeitungsleser die Werbeanzeigen auch lesen und dass 6 % die Anzeige lesen und das Produkt auch kaufen. Von den übrigen Zeitungslesern kaufen 5 % das Produkt.

a) Erstellen Sie eine Vierfeldertafel für diese Situation.

b) Berechnen Sie die Wahrscheinlichkeit dafür, dass ein Zeitungsleser, der die Anzeige gelesen hat, das Produkt dann auch kauft.

36 **Füllen Sie jeweils eine Vierfeldertafel mit absoluten und relativen Häufigkeiten aus.**

a) In einer Kursstufe mit 76 Schülerinnen und Schülern haben 45 Schülerinnen und Schüler Mathematik Leistungsfach, 32 Schülerinnen haben Deutsch als Leistungsfach und 5 haben Deutsch und Mathematik als Leistungsfach gewählt.

b) An einer Studie nehmen 105 Personen teil. Bei 75 Personen wurden Antikörper nachgewiesen, 82 Personen wurden gegen die Krankheit geimpft. Bei 10 Personen wurden Antikörper nachgewiesen, obwohl sie nicht geimpft sind.

c) In einer Schule arbeiten 48 Lehrerinnen und 26 Lehrer. 39 Lehrerinnen sind jünger als 45 Jahre und 5 Lehrer sind älter als 45 Jahre.

2 Bernoulli-Experimente und die Binomialverteilung

Bernoulli-Experimente

Tipp

Was ist ein Bernoulli-Experiment?

Ein Zufallsexperiment, das aus genau **zwei Ausgängen** besteht, nennt man Bernoulli-Experiment. Je nach Situation werden die beiden Ergebnisse z.B. mit Treffer und Niete, Erfolg und Misserfolg oder auch mit den Zahlen 1 und 0 bezeichnet. Die Wahrscheinlichkeit für einen **Treffer** nennt man **Trefferwahrscheinlichkeit p**. Damit gilt für die Wahrscheinlichkeit für **Niete**:

$$P(\text{„Niete"}) = q = 1 - p.$$

Da ein Bernoulli-Experiment nur zwei Ausgänge hat, müssen die Wahrscheinlichkeiten von Treffer und Niete addiert 1 ergeben, kurz $P(\text{„Treffer"}) + P(\text{„Niete"}) = 1$.

Beispiel 1: Bernoulli-Experimente

Untersuchen Sie, ob es sich bei dem Zufallsexperiment um ein Bernoulli-Experiment handelt.
Tipp: Sie müssen also überprüfen, ob das Experiment genau zwei Ergebnisse hat.

a) Ein Reißnagel wird geworfen. — Ja, denn es gibt die beiden Ergebnisse „fällt auf die Spitze" und „fällt auf den Rücken".

b) Ein Würfel wird geworfen und die Augenzahl notiert. — Nein, denn es gibt sechs Ergebnisse.

c) Aus einer Urne mit 2 weißen und 3 schwarzen Kugeln wird eine Kugel gezogen. — Ja, es gibt die beiden Ergebnisse „weiße Kugel" und „schwarze Kugel". Es sind nur die Wahrscheinlichkeiten nicht gleich.

d) Bei zufällig ausgewählten Personen wird getestet, ob sie die Blutgruppe 0 haben. — Ja, es gibt die beiden Ergebnisse „Blutgruppe 0" oder „nicht Blutgruppe 0".

Beispiel 2: Ausgang für ein Bernoulli-Experiment angeben

Legen Sie Ausgänge so fest, dass das beschriebene Experiment ein Bernoulli-Experiment ist.

Tipp: Wählen Sie ein (mögliches) Ergebnis und formulieren Sie daraus ein passendes Gegenteil. Hier gibt es viele verschiedene Lösungsmöglichkeiten.

a) Ein Würfel wird geworfen. — T: gerade Zahl;
N: keine gerade Zahl, also ungerade Zahl

b) Eine Maschine wird überprüft. — T: funktioniert;
N: funktioniert nicht

c) Ziehen einer Kugel aus einer Urne mit schwarzen, roten und gelben Kugeln. — T: die Kugel ist rot;
N: die Kugel ist nicht rot, also die Kugel ist schwarz oder gelb

1 **Bei welchen Zufallsexperimenten handelt es sich um ein Bernoulli-Experiment?**

Geben Sie, wenn möglich, auch die Trefferwahrscheinlichkeit an.

a) Werfen eines Würfels, Gewinn bei einer geraden Augenzahl.

b) Werfen eines Würfels; Gewinn bei einer Augenzahl größer als 4.

c) Drehen eines Glücksrades mit den Feldern rot, gelb und grün.

d) Werfen einer gezinkten Münze.

e) Ein Glücksrad wird gedreht. Wenn die 5 erscheint, erhält man 10 ct.

2 **Bei welchen Experimenten handelt es sich um ein Bernoulli-Experiment? Kreuzen Sie an.**

	Zufallsexperiment	Bernoulli-Experiment	
		ja	nein
a)	Ein Würfel wird geworfen und die Augenzahl notiert.	☐	☐
b)	Aus einem Gefäß mit 8 grünen und 3 gelben Bonbons wird ein Bonbon gezogen.	☐	☐
c)	Ein Glücksrad mit den Feldern 1, 2, 3 und 4 wird gedreht.	☐	☐
d)	Eine Ladung Bananen wird auf verdorbene Bananen untersucht.	☐	☐
e)	Ein Glücksrad mit den Feldern 1, 2, 3, 4 und Krone wird gedreht. Einen Gewinn gibt es bei Krone.	☐	☐
f)	Bei zufällig ausgewählten Personen wird getestet, ob sie Blutgruppe A, B oder 0 haben.	☐	☐

3 **Legen Sie Ereignisse so fest, dass das beschriebene Zufallsexperiment ein Bernoulli-Experiment ist.**

a) Werfen eines Tetraeder-Würfel

b) Werfen eines 4er-Legosteins

c) Werfen eines Kronkorkens

d) Überprüfen einer Maschine

e) Ziehen einer Kugel aus einer Urne mit roten, blauen und gelben Kugeln

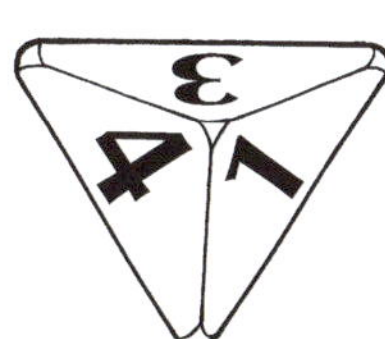

Was ist eine Bernoulli-Kette?

Ein Bernoulli-Experiment, das n-mal hintereinander durchgeführt wird und bei dem sich die Trefferwahrscheinlichkeit nicht ändert, nennt man **Bernoulli-Kette** der **Länge n**. Dabei ist **p** die **Trefferwahrscheinlichkeit** und die **Zufallsvariable X** zählt die **Anzahl der Treffer k**.

Tipp

Mathematisch gesehen besteht jede Bernoulli-Kette aus der Definition der Zufallsvariablen X mit der Trefferzahl k, der Länge n, der Trefferwahrscheinlichkeit p und der Wahrscheinlichkeit für k Treffer $P(X = k)$.

Beispiel: n; p; k angeben

Ein Multiple-Choice-Test enthält 4 Fragen mit jeweils 5 Antwortmöglichkeiten. Muss ein Schüler raten, handelt es sich um eine Bernoulli-Kette.

Geben Sie jeweils die Zufallsvariable X, n und p an.

X: Anzahl der richtig getippten Antworten
Länge $n = 4$
Trefferwahrscheinlichkeit $p = \frac{1}{5} = 0{,}2$

Was ist der Binomialkoeffizient $\binom{n}{k}$? – Bestimmung der Anzahl der Pfade bei k Treffern

Lange Bernoulli-Ketten kann man nicht mehr mit einem Baumdiagramm darstellen. Um die Wahrscheinlichkeit eines Ereignisses berechnen zu können, muss man die Wahrscheinlichkeit eines Pfades berechnen können und wissen, wie viele Pfade zu dem gewünschten Ereignis führen.
Die Anzahl der Pfade mit genau k Treffern kann man mit dem **Binomialkoeffizienten** bestimmen. Dafür schreibt man

$\binom{n}{k}$ und spricht „**n über k**" oder „**k aus n**".

n: gibt die Länge der Kette an
k: k ist die Anzahl an Treffern

Berechnen kann man den Binomialkoeffizienten mit

$$\binom{n}{k} = \frac{n!}{k! \cdot (n-k)} = \frac{\overbrace{n \cdot (n-1) \cdot (n-2) \cdot \ldots \cdot (n-k+1)}^{\text{k Faktoren von „oben nach unten"}}}{\underbrace{1 \cdot 2 \cdot \ldots \cdot k}_{\text{k Faktoren von „unten nach oben"}}}$$

WTR und GTR können den Binomialkoeffizienten direkt berechnen, häufig mit dem Befehl nCr.

Beim Binomialkoeffizienten gilt:

$\binom{n}{0} = \binom{n}{n} = 1$

$\binom{n}{k} = \binom{n}{n-k}$

Beispiel: Anzahlen mithilfe des Binomialkoeffizienten bestimmen

Berechnen Sie.

a) $\binom{6}{4}$ — $\binom{6}{4} = \frac{6 \cdot 5 \cdot 4 \cdot 3}{4 \cdot 3 \cdot 2 \cdot 1} = 15$

b) 3 aus 8 — $\binom{8}{3} = \frac{8 \cdot 7 \cdot 6}{3 \cdot 2 \cdot 1} = 56$

c) Von 100 Sportlern werden genau 2 positiv getestet. Wie viele Möglichkeiten gibt es? — $\binom{100}{2} = \frac{100 \cdot 99}{2 \cdot 1} = 4950$

4 **Bei welchen Experimenten handelt es sich um eine Bernoulli-Kette? Kreuzen Sie an. Geben Sie dann die Länge n und die Trefferwahrscheinlichkeit P(T) an.**

	Zufallsexperiment	Bernoulli-Experiment		n; P(T)
		ja	nein	
a)	Eine Münze wird 10-mal geworfen.	☐	☐	
b)	Aus einer Urne mit 2 weißen und 3 schwarzen Kugeln wird 4-mal ohne Zurücklegen gezogen.	☐	☐	
c)	Ein Würfel wird 5-mal geworfen und die Anzahl der geworfenen Einser notiert.	☐	☐	
d)	Aus einer Lostrommel mit 500 weißen und 300 schwarzen Kugeln werden 3 Kugeln ohne Zurücklegen gezogen.	☐	☐	
e)	Ein Würfel wird 3-mal geworfen und die Augensumme notiert.	☐	☐	

5 **Gegeben ist das folgende Baumdiagramm.**

a) Vervollständigen Sie das Baumdiagramm.

b) Geben Sie die Länge n der Bernoulli-Kette an.

c) Berechnen Sie die Trefferwahrscheinlichkeiten $P(X=k)$.

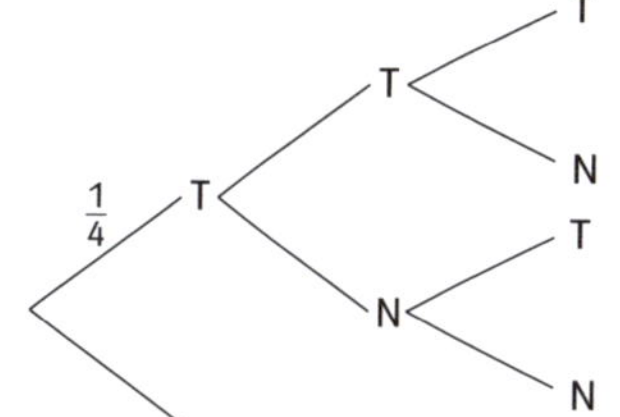

6 **Berechnen Sie die Binomialkoeffizienten von Hand, und kontrollieren Sie mit dem Taschenrechner.**

a) $\binom{4}{2}$ b) $\binom{5}{4}$ c) $\binom{3}{2}$ d) $\binom{6}{5}$

7 **Geben Sie an, wie viele Pfade im zugehörigen Baumdiagramm zum jeweiligen Ergebnis führen und berechnen Sie die Anzahl.**

a) Ein Würfel wird 50-mal geworfen. Die Augenzahl 5 erscheint genau 22-mal.

b) Aus einer Urne mit 20 Kugeln (8 weiße, 12 schwarze) wird 11-mal mit Zurücklegen gezogen. Die weiße Kugel wird dabei genau 3-mal gezogen.

c) Von 50 getesteten Sportlern werden genau 4 positiv getestet.

d) Ein Basketballspeiler wird 20-mal auf den Korb. Er trifft genau 16-mal.

Die Bernoulli-Formel

Tipp

Wie berechnet man die Wahrscheinlichkeit für genau k Treffer einer Bernoulli-Kette der Länge n? – die Bernoulli-Formel

Liegt eine Bernoulli-Kette vor mit
n Anzahl der Durchführungen bzw. Versuche
k Trefferanzahl
p Trefferwahrscheinlichkeit und
$(1-p)$ Wahrscheinlichkeit für Nicht-Treffer bzw. Niete,
dann kann man die Wahrscheinlichkeit für genau k Treffer berechnen mit der **Bernoulli-Formel**

$$P(X=k) = \binom{n}{k} \cdot p^k \cdot (1-p)^{n-k}.$$

Die Wahrscheinlichkeit, k Treffer zu erzielen, ist

die Anzahl der Pfade mit k Treffern zu multiplizieren,

mit der Wahrscheinlichkeit für einen Pfad mit k Treffern und n − k Nieten.

Hinweis:
Die Bernoulli-Formel kennen Sie schon von den mehrstufigen Zufallsexperimenten. Sie ist die Zusammenfassung der beiden Pfadregeln.

Beispiel 1: Wahrscheinlichkeiten mit der Formel von Bernoulli bestimmen

Ein Würfel wird 10-mal geworfen. Berechnen Sie die Wahrscheinlichkeiten für die Ereignisse:

X ist binomialverteilt mit $n = 10$; $p = \frac{1}{6}$.

A: Es werden genau 2 Sechsen geworfen.

$P(A) = P(X=2) = \binom{10}{2} \cdot \left(\frac{1}{6}\right)^2 \cdot \left(\frac{5}{6}\right)^8 \approx 0{,}291 = 29{,}1\,\%$

B: Es wird keine Sechs geworfen.

$P(B) = P(X=0) = \binom{10}{0} \cdot \left(\frac{1}{6}\right)^0 \cdot \left(\frac{5}{6}\right)^{10} \approx 0{,}162 = 16{,}2\,\%$

Beispiel 2: Die Formel von Bernoulli im Sachzusammenhang interpretieren

Ein Reiseveranstalter wirbt in seinem Katalog damit, dass 90 % seiner Kunden zufrieden sind.

Geben Sie das zu
$\binom{20}{15} \cdot 0{,}9^{15} \cdot 0{,}1^5$
gehörende Ereignis an.

X ist binomialverteilt mit $n = 20$; $p = 0{,}9$ und $k = 15$.
Von 20 Kunden (die eine Reise mit dem Reiseveranstalter gebucht haben) sind genau 15 Personen zufrieden.

8 **Die Wahrscheinlichkeit für die Geburt eines Mädchens beträgt etwa 0,49.**

Berechnen Sie die Wahrscheinlichkeiten für die folgenden Ereignisse:

a) Eine Familie mit 4 Kindern hat nur Mädchen.

b) In einer Familie mit 3 Kindern sind nur Jungen.

c) In einer Familie mit 4 Kindern sind genau 2 Mädchen und 2 Jungen.

9 **Jonas züchtet kleine Urzeitkrebse. In der Anleitung steht, dass erfahrungsgemäß 40 % aller geschlüpften Krebstiere 60 Tage alt werden.**

Berechnen Sie die Wahrscheinlichkeiten für folgende Ereignisse:

Von 10 geschlüpften Krebsen werden

A: alle

B: genau drei Krebse

C: nur ein Krebs

D: keiner der Krebse

60 Tage alt.

10 **Beim Basketballtraining hat der Trainer Statistiken über die Verwandlung von Freiwürfen geführt. Dabei hat er festgestellt, dass Dirk einen Freiwurf mit einer Wahrscheinlichkeit von 92 % verwandelt. Dirk wirft 25 Freiwürfe.**

Berechnen Sie die Wahrscheinlichkeiten für die folgenden Ereignisse:

A: alles Treffer

B: genau 20 Treffer

C: genau 10 Treffer

D: genau 15 Treffer

11 **Der Hersteller verspricht, dass in jedem 7. Überraschungsei eine Sammelfigur enthalten ist.**

Bestimmen Sie, wie groß die Wahrscheinlichkeit ist, dass bei 10 Überraschungseiern genau 2 Sammelfiguren enthalten sind.

Kumulierte Wahrscheinlichkeiten

Tipp

Wie kann man kumulierte Wahrscheinlichkeiten berechnen?

Wenn man die Wahrscheinlichkeit für **höchstens k Treffer** berechnen soll, muss man die Wahrscheinlichkeiten der zugehörigen Ereignisse addieren.
Es gilt:

$$P(X \le k) = P(X = 0) + P(X = 1) + \ldots + P(X = k)$$

Dies nennt man kumulierte Wahrscheinlichkeit (*lat. cumulare* = anhäufen).
Beachten Sie:
Die Taschenrechner können nur kumulierte Wahrscheinlichkeiten in der Form $P(X \le k)$ direkt berechnen. Angaben z. B. der Form „mindestens", „zwischen" oder $P(X \ge k)$ müssen entsprechend (z. B. mithilfe des Gegenereignisses) umgeschrieben werden.

Beispiele:

Ereignis	Beschreibung mit Zufallsgröße und Veranschaulichung	Beschreibung der Wahrscheinlichkeit mithilfe der kumulierten Wahrscheinlichkeit
höchstens 5 Treffer	$X \le 5$ --0--1--2--3--4--5--6-...	$P(X \le 5)$
weniger als 5 Treffer	$X < 5$ --0--1--2--3--4--5--6-...	$P(X \le 4)$
mindestens 5 Treffer	$X \ge 5$ --0--1--2--3--4--5--6-...	„alles, was nicht kleiner als 5 ist" $P(X \ge 5) = 1 - P(X \le 4)$
mehr als 5 Treffer	$X > 5$ --0--1--2--3--4--5--6-...	$P(X > 5) = 1 - P(X \le 5)$

Beispiel: Kumulierte Wahrscheinlichkeiten mit der Formel von Bernoulli bestimmen

Ein Würfel wird 10-mal geworfen. Berechnen Sie die Wahrscheinlichkeiten für die Ereignisse:

X ist binomialverteilt mit $n = 10$; $p = \frac{1}{6}$.

A: Es werden höchstens 2 Sechsen geworfen.

$$P(A) = P(X \le 2) = P(X = 0) + P(X = 1) + P(X = 2) \approx 0{,}775 = 77{,}5\,\%$$

B: Es werden mehr als 4 Sechsen geworfen.

$$P(B) = P(X > 4) = 1 - P(X \le 4) \approx 1 - 0{,}985 = 0{,}015 = 1{,}5\,\%$$

Tipp:
Beim WTR erst $P(X \le k)$ berechnen und dann „1 − Ergebnis".

12 **Beschreiben Sie die gesuchten Wahrscheinlichkeiten nur mit den Formen $P(X = k)$ oder $P(X \leq k)$.**

a) Wahrscheinlichkeit für mindestens 8 Treffer

b) Wahrscheinlichkeit für genau 11 Treffer

c) Wahrscheinlichkeit für höchstens 20 Treffer

d) Wahrscheinlichkeit für mehr als 9 Treffer

e) Wahrscheinlichkeit für weniger als 15 Treffer

13 **Gegeben ist eine Bernoulli-Kette der Länge 20 und der Trefferwahrscheinlichkeit $p = 0{,}6$.**

Beschreiben Sie die gesuchten Wahrscheinlichkeiten nur mithilfe der kumulierten Wahrscheinlichkeit $P(X \leq k)$ und berechnen Sie sie. Übersetzen Sie die zugehörigen Ereignisse in Worte.

a) $P(X > 14)$

b) $P(X < 12)$

c) $P(X \geq 8)$

d) $P(6 \leq X \leq 10)$

e) $P(2 < X < 15)$

14 **Berechnen Sie mit dem Taschenrechner für eine Bernoulli-Kette der Länge 50 mit $p = 0{,}4$ die folgenden Wahrscheinlichkeiten und übersetzen Sie die Ereignisse in Worte.**

a) $P(X = 20)$

b) $P(X \leq 10)$

c) $P(X \geq 30)$

d) $P(20 \leq X \leq 30)$

15 **Ein Würfel wird 30-mal geworfen.**

Berechnen Sie die Wahrscheinlichkeit für

a) genau 5 Sechsen.

b) höchstens 8 Sechsen.

c) mindestens 4 Sechsen.

d) mehr als 10 Sechsen.

e) weniger als 12 Sechsen.

f) mehr als 4 und weniger als 9 Sechsen.

16 **Bei einem Multiple-Choice-Test gibt es zu jeder Aufgabe vier Antworten zum Ankreuzen zur Auswahl, von denen genau eine richtig ist. Pro Aufgabe darf nur eine Antwort angekreuzt werden.**
Max hat sich nicht auf den Test vorbereitet und muss raten.

Berechnen Sie die Wahrscheinlichkeiten der folgenden Ereignisse.

A: Von 20 Aufgaben ist keine richtig beantwortet.

B: Von 20 Aufgaben sind alle richtig beantwortet.

C: Von 20 Aufgaben sind genau 15 richtig beantwortet.

D: Von 20 Aufgaben sind mindestens 10 richtig beantwortet.

E: Von 20 Aufgaben sind weniger als die Hälfte richtig beantwortet.

F: Von den 20 Aufgaben sind mehr als 12 Aufgaben richtig beantwortet.

17 **In Deutschland werden ca. 60 % aller Neufahrzeuge in den gedeckten Farben schwarz, grau oder silber zugelassen.**

Bestimmen Sie, wie groß die Wahrscheinlichkeit ist, dass man bei einer Verkehrszählung von 100 Autos

a) mindestens 40 Autos in gedeckten Farben zählt?

b) zwischen 30 und 60 Autos (einschließlich) in gedeckten Farben zählt?

c) weniger als 25 Autos in gedeckten Farben zählt?

d) genau 60 Autos in gedeckten Farben zählt?

e) höchstens 40 Autos in gedeckten Farben zählt?

18 **Das folgende Zufallsexperiment kann eine Bernoulli-Kette sein, wenn jeweils nur das eine Ereignis betrachtet wird.**
Mit zwei Würfeln wird 20-mal geworfen.

Bestimmen Sie, wie groß die Wahrscheinlichkeit für die folgenden Ereignisse ist.

A: genau zweimal die Augensumme 7

B: mindestens zweimal die Augensumme 7

C: niemals die Augensumme 6

D: genau dreimal Pasch

E: mehr als einmal einen 6er-Pasch

F: weniger als zehnmal eine Augensumme kleiner als 7

Modellieren mit der Binomialverteilung

Tipp

Welche Modellierungsaufgaben gibt es bei Bernoulli-Experimenten?

Die Binomialverteilung beschreibt die Wahrscheinlichkeiten $P(X = k)$ für k Treffer bei Bernoulli-Experimenten. Um die Wahrscheinlichkeit berechnen zu können, nutzt man die **Formel von Bernoulli**:

$$\mathbf{P(X = k) = \binom{n}{k} \cdot p^k \cdot (1-p)^{n-k}.}$$

Da die rechte Seite der Formel von den drei Parametern n, k und p abhängt, kann man bei gegebener Wahrscheinlichkeit $P(X = k)$ auch nach der Anzahl n, der Trefferanzahl k oder der Trefferwahrscheinlichkeit p fragen.

Da in solchen Aufgaben dreimal das Wort „mindestens" vorkommt, nennt man solche Aufgaben auch „Drei-Mindestens-Aufgaben" oder „Mimimi"-Aufgaben.

Diese Aufgaben nennt man **Modellierungs- oder Umkehraufgaben mit der Binomialverteilung**.
Diese können Sie entweder mit dem grafikfähigen Taschenrechner oder aber durch Einsetzen der bekannten Größen in die Formel von Bernoulli und (systematisches) Probieren mit dem WTR lösen.

n gesucht – Welche Anzahl benötigt man bei einer Stichprobe für mindestens einen oder mindestens k Treffer?

Hier muss die Frage beantwortet werden, aus wie vielen Durchführungen ein Bernoulli-Experiment mindestens bestehen muss, bzw. wie groß der Umfang einer Stichprobe mindestens sein muss, dass die Wahrscheinlichkeit für mindestens einen Treffer mindestens m beträgt, kurz $P(X \geq 1) \geq m$.

Nur diese Aufgabe mit der Frage nach „mindestens einem Treffer" kann man exakt lösen.

Um den Stichprobenumfang n für mindestens einen Treffer zu bestimmen, betrachtet man statt dem Ereignis $X \geq 1$ das zugehörige Gegenereignis „kein Treffer", d.h. $X = 0$.

Die Wahrscheinlichkeit dafür kann man durch Einsetzen in die Bernoulli-Formel berechnen mit $P(X = 0) = (1-p)^n$.
Da $P(X = 0) = 1 - P(X \geq 1)$, erhält man durch Umformen die Ungleichung

$$\mathbf{(1-p)^n \leq 1 - m.}$$

Dann tritt mit einer Wahrscheinlichkeit von mindestens m mindestens ein Treffer auf.

Tipp

Beispiel 1: n für mindestens einen Treffer bestimmen

Ein Hersteller verspricht, dass in einem Viertel der Überraschungstüten eine Sammelfigur enthalten ist. Bestimmen Sie, wie viele Überraschungstüten man mindestens kaufen muss, um mit einer Wahrscheinlichkeit von mindestens 90 % mindestens eine Sammelfigur zu erhalten.

1. Notieren Sie die Trefferwahrscheinlichkeit und die geforderte Wahrscheinlichkeit m für das gesuchte Ereignis.

   X ist binomialverteilt mit
   $p = \frac{1}{4} = 0{,}25;\ 1 - p = 0{,}75$
   $m = 90\,\% = 0{,}9;\ 1 - m = 0{,}1$

2. Berechnen Sie $1 - p$ und $1 - m$ und setzen Sie die gegebenen Größen in die Formel $(1-p)^n \leq 1 - m$ ein.

   $0{,}75^n \leq 0{,}1 \quad |\ \log(\,)$
   $\log(0{,}75^n) \leq \log(0{,}1)$

3. Lösen Sie die Exponentialgleichung durch Logarithmieren.
   Lösung: $n \geq \frac{\log(1-m)}{\log(1-p)}$

   $n \cdot \log(0{,}75) \leq \log(0{,}1) \quad |\ :\log(0{,}75)$
   $n \geq \frac{\log(0{,}1)}{\log(0{,}75)} \approx 8{,}004$

   Achtung:
   Bei Division der Ungleichung dreht sich das Zeichen um, da der Logarithmus in dem Fall negativ ist.

4. Formulieren Sie einen Antwortsatz.

   Man muss mindestens 9 Überraschungstüten kaufen, wenn man mit einer Wahrscheinlichkeit von mindestens 90 % mindestens eine Sammelfigur erhalten möchte.

Beispiel 2: n für mehr als einen Treffer bestimmen

Etwa 11 % aller Deutschen haben die Blutgruppe B. Bestimmen Sie, wie viele Menschen man mindestens testen muss, um mit einer Wahrscheinlichkeit von mindestens 90 % mindestens zwei Menschen mit Blutgruppe B zu finden.

1. Notieren Sie die Trefferwahrscheinlichkeit und die geforderte Wahrscheinlichkeit m für das gesuchte Ereignis.

   X ist binomialverteilt mit
   $p = 0{,}11;\ m = 90\,\% = 0{,}9$

2. Notieren Sie die Bedingung in der Form $P(X \leq k) \leq 1 - m$.

   $P(X \geq 2) = 1 - P(X \leq 1) \geq 0{,}9$
   und somit $P(X \leq 1) \leq 0{,}1$

3. Bestimmen Sie n, indem Sie mit dem GTR oder mit systematischem Probieren mit dem WTR und der kumulierten Binomialverteilung n eingrenzen.

   Versuche:
   $n = 40{:}\ P(X \leq 1) \approx 0{,}056$
   $n = 35{:}\ P(X \leq 1) \approx 0{,}090$
   $n = 34{:}\ P(X \leq 1) \approx 0{,}099$
   $n = 33{:}\ P(X \leq 1) \approx 0{,}109$

   Achtung:
   Beim WTR muss man systematisch Werte für n eingeben und so lange die zugehörige Wahrscheinlichkeit berechnen, bis der zugehörige Wert eingegrenzt ist. Das kann etwas dauern.

4. Formulieren Sie einen Antwortsatz.

   Man muss mindestens 34 Personen testen, um mit einer Wahrscheinlichkeit von mindestens 90 % mindestens zwei Menschen mit Blutgruppe B zu finden.

19 **Ein Reiseveranstalter wirbt in seinem Katalog damit, dass 90 % seiner Kunden zufrieden sind.**

a) Bestimmen Sie, wie groß die Wahrscheinlichkeit ist, dass von 50 Neukunden höchstens 2 unzufrieden sind.

b) Geben Sie eine Frage an, die mit der Formel $\binom{20}{15} \cdot 0{,}9^{15} \cdot 0{,}1^{5}$ beantwortet wird.

c) Bestimmen Sie, wie viele Kunden (mindestens) befragt werden müssten, damit mit einer Wahrscheinlichkeit von 80 % höchstens einer unzufrieden ist.

20 **Eine (ideale) Münze wird geworfen.**

a) Bestimmen Sie, wie groß die Wahrscheinlichkeit ist, dass beim 50-maligen Werfen mindestens 30-mal Kopf erscheint.

b) Bestimmen Sie, wie oft man die Münze mindestens werfen muss, damit man mit einer Wahrscheinlichkeit von mindestens 99 % mindestens einmal „Kopf" erhält.

c) Es wird mit einer verbeulten Münze geworfen. Bestimmen Sie, wie groß die Wahrscheinlichkeit für Kopf ist, wenn bei 100 Würfen die Wahrscheinlichkeit für 30-mal Kopf 50 % beträgt.

21 **Beim „Mensch-ärgere-dich-nicht" darf jeder, der an der Reihe ist, dreimal würfeln, wenn noch keine Spielfigur auf dem Spielfeld ist. Nur wer dabei eine 6 würfelt, darf eine Spielfigur herausziehen.**

Bestimmen Sie, wie oft man mindestens an der Reihe sein muss, wenn man mit einer Wahrscheinlichkeit von mehr als 95 % eine Spielfigur herausziehen will.

22 **Eine Firma stellt neue Lüfter für Computer her. Die Ausschussrate soll dabei höchstens 5 % betragen. Zur Kontrolle wird eine Serie mit 50 Lüftern hergestellt. Sind mehr als k Lüfter fehlerhaft, so muss die Produktion verbessert werden.**

a) Bestimmen Sie, mit welcher Wahrscheinlichkeit man bei einer tatsächlichen Ausschussrate von 5 % höchstens 3 fehlerhafte Lüfter erhält.

b) Bestimmen Sie, wie die Zahl k gewählt werden muss, damit die Wahrscheinlichkeit für einen Produktionsstopp kleiner als 10 % ist.

Tipp

k gesucht – Welche Trefferanzahl benötigt man bei einer Bernoulli-Kette für eine Mindestwahrscheinlichkeit?

Hier muss beispielsweise die Frage beantwortet werden, bei wie vielen Treffern k (bei vorgegebenem m) gilt: $P(X \leq k) \leq m$ oder $P(X \leq k) \geq m$.

Beispiel: **Trefferanzahl k für eine Wahrscheinlichkeit von höchstens m bestimmen**

Ein Computerhersteller baut Lüfter. Die Ausschussrate soll dabei höchstens 5 % betragen. Zur Kontrolle der Produktion wird eine Serie mit 50 Lüftern hergestellt. Bestimmen Sie, welche Anzahl k mindestens fehlerhaft sein darf, damit die Wahrscheinlichkeit für einen irrtümlichen Produktionsstopp höchstens 10 % ist.

1. Notieren Sie die Zufallsvariable X mit zugehöriger Trefferwahrscheinlichkeit p, der Anzahl n und die geforderte Wahrscheinlichkeit m für das gesuchte Ereignis.

   X: Anzahl an fehlerhaften Lüftern
   $n = 50$
   $p \leq 5\,\% = 0{,}05$
   $m \leq 10\,\% = 0{,}1$

2. Notieren Sie die Bedingung in der Form $P(X \leq k) \geq m$ oder $P(X \leq k) \leq m$.

   $P(X \geq k) \leq m$ bedeutet $P(X \geq k) \leq 0{,}1$;
   $P(X \geq k) = 1 - P(X \leq k-1) \leq 0{,}1$;
   d.h. es ist das kleinste k gesucht mit:
   $P(X \leq k-1) \geq 0{,}9$

3. Bestimmen Sie k, indem Sie mit dem GTR oder mit systematischem Probieren mit dem WTR und der kumulierten Binomialverteilung k tabellarisch ausgeben lassen.

   $P(X \leq 4) \approx 0{,}896$
   $P(X \leq 5) \approx 0{,}962$
   d.h. $k-1 = 5$ bzw. $k = 6$

4. Formulieren Sie einen Antwortsatz.

   Es müssen mindestens sechs fehlerhafte Lüfter auftreten, damit die Produktion gestoppt wird.

23 **Ein Multiple-Choice-Test besteht aus 15 Fragen. Zu jeder Frage gibt es vier Antwortmöglichkeiten, von denen genau eine richtig ist. Die Wahrscheinlichkeit, dass jemand nur durch Raten den Test besteht, soll höchstens 2 % betragen.**

Bestimmen Sie die Mindestanzahl an richtigen Antworten, die für das Bestehen des Tests verlangt werden muss, um auszuschließen, dass jemand nur geraten hat.

24 **Aydin behauptet, er erkenne seine Lieblingslimonade am Geschmack. Sahra gibt ihm 10-mal hintereinander vier Getränkeproben, die einmal mit seiner Lieblingslimonade und dreimal mit einer anderen Limonade gefüllt sind. Die Wahrscheinlichkeit, dass Aydin nur durch Raten den Geschmackstest besteht, soll höchstens 2 % betragen.**

Bestimmen Sie die Mindestanzahl an richtig bestimmten Getränken, die Sahra mindestens verlangen sollte, um auszuschließen, dass Aydin nur geraten hat.

Tipp

p gesucht – Welche Trefferwahrscheinlichkeit benötigt man bei einer vorgegebenen Mindesttrefferanzahl?

Ein Bernoulli-Experiment wird n-mal durchgeführt bzw. der Stichprobenumfang ist n. Gesucht ist die Trefferwahrscheinlichkeit p, wenn man für k Treffer eine Wahrscheinlichkeit von mindestens m haben möchte.

Beispiel: Trefferwahrscheinlichkeit p für mindestens k Treffer bestimmen

Bei der Produktion von Computerlüftern ist ein Lüfter mit der Wahrscheinlichkeit p fehlerhaft. Bestimmen Sie, wie groß p höchstens sein darf, damit in einer Serie von 100 Bauteilen mit einer Wahrscheinlichkeit von mindestens 90 % höchstens 10 fehlerhaft sind.

1. Notieren Sie die Zufallsvariable X mit der Anzahl n, der Trefferanzahl k und die geforderte Wahrscheinlichkeit m für das gesuchte Ereignis.	X: Anzahl der fehlerhaften Lüfter $n = 100;\ k \leq 10$ $m \geq 90\,\% = 0{,}9$
2. Notieren Sie die Bedingung in der Form $P(X \leq k) \geq m$ oder $P(X \leq k) \leq m$.	$P(X \leq 10) \geq 0{,}9$
3. Bestimmen Sie p mit dem GTR oder mit systematischem Probieren mit dem WTR und der kumulierten Binomialverteilung.	$p = 0{,}1$: $P(X \leq 10) \approx 0{,}583$ $p = 0{,}07$: $P(X \leq 10) \approx 0{,}909$ $p = 0{,}08$: $P(X \leq 10) \approx 0{,}824$
4. Formulieren Sie einen Antwortsatz.	Die Wahrscheinlichkeit für einen fehlerhaften Lüfter darf höchstens etwa $0{,}07 = 7\,\%$ betragen.

25 **Die Zufallsgröße X ist binomialverteilt mit $n = 25$. Bestimmen Sie den Parameter p.**

a) $P(X \leq 10) = 0{,}75$ b) $P(X \leq 7) = 0{,}68$ c) $P(X \leq 5) = 0{,}35$

26 **Aufgrund der bisherigen Wurfleistungen geht der Trainer davon aus, dass sein Basketballer mit 85 % Wahrscheinlichkeit einen Freiwurf trifft. Der Spieler möchte seine Leistung verbessern und künftig mit über 90 % Wahrscheinlichkeit bei acht Freiwürfen mindestens 7-mal treffen.**

Bestimmen Sie, welche Trefferwahrscheinlichkeit er dafür mindestens erreichen muss.

27 **Bestimmen Sie, wie groß bei einer verbeulten Münze die Wahrscheinlichkeit für „Zahl" ist, wenn bei 50 Würfen die Wahrscheinlichkeit für 10-mal Zahl 30 % beträgt.**

Tipp

Was ist der Erwartungswert einer Binomialverteilung?

Der Erwartungswert einer Binomialverteilung gibt an, mit wie vielen Treffern man bei einer Bernoulli-Kette durchschnittlich rechnen kann. Den Erwartungswert bei einer Binomialverteilung kann man berechnen mit

$$\mathbf{E(X) = n \cdot p.}$$

Tipp:
Der Erwartungswert kann beim Begründen im Zusammenhang mit Histogrammen helfen.

Beispiel: **Erwartungswert berechnen**

Berechnen Sie den Erwartungswert der Binomialverteilungen.

a) $n = 10;\ p = 0{,}7$ $\quad E(X) = n \cdot p = 10 \cdot 0{,}7 = 7$

b) $n = 12;\ p = 0{,}4$ $\quad E(X) = n \cdot p = 12 \cdot 0{,}4 = 4{,}8$

Wie kann eine Binomialverteilung dargestellt werden?

Die Wahrscheinlichkeitsverteilung einer Bernoulli-Kette der Länge n mit Trefferwahrscheinlichkeit p nennt man **Binomialverteilung**. Die Zufallsgröße X beschreibt die Trefferzahl k. Die zugehörigen Wahrscheinlichkeiten $P(X = k)$ können berechnet werden mit der **Formel von Bernoulli**

$$\mathbf{P(X = k) = \binom{n}{k} \cdot p^k \cdot (1-p)^{n-k}.}$$

Die Wertepaare der Binomialverteilung können in einem **Histogramm** dargestellt werden. Ist die Breite der Säulen im Histogramm 1, dann werden die Wahrscheinlichkeiten sowohl durch die Höhe als auch durch den Flächeninhalt der Säulen (Rechtecke) dargestellt.

Im Histogramm wird auf der Rechtsachse die Trefferzahl k abgetragen, auf der Hochachse die zugehörigen Wahrscheinlichkeiten.

Mithilfe des Histogramms erhält man also Aufschlüsse darüber, wie die Werte einer Binomialverteilung verteilt sind:

- Alle Graphen haben eine Glockenform.
- Je größer n wird, desto breiter und flacher werden die Graphen, d.h. die Wahrscheinlichkeiten werden kleiner.
- Für $p = \frac{1}{2}$ sind die Graphen achsensymmetrisch zum Erwartungswert.
- Je mehr sich p an die 1 oder 0 nähert, desto höher und schmaler werden die Graphen.
- Ist der Erwartungswert $E(X) = p \cdot n$ eine ganze Zahl, dann liegt das Maximum genau bei dieser Trefferzahl k.
- Ist der Erwartungswert $E(X) = p \cdot n$ nicht ganzzahlig, dann liegt das Maximum bei einer der beiden benachbarten Trefferzahlen.

Tipp

Beispiel 1: Histogramm der passenden Binomialverteilung zuordnen

Ordnen Sie die passende Binomialverteilung zu. Begründen Sie Ihre Entscheidung.

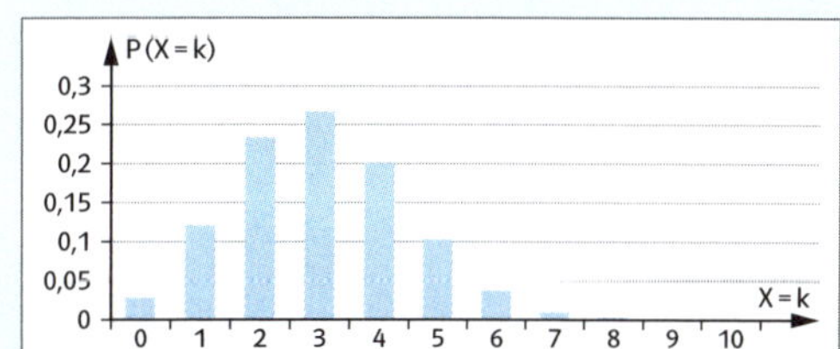

a) $n = 10;\ p = 0{,}1$ b) $n = 10;\ p = 0{,}3$
c) $n = 10;\ p = 0{,}2$ d) $n = 10;\ p = 0{,}7$

Das Maximum ist bei $k = 3$.
Das Histogramm gehört zu b), da $E(X) = 10 \cdot 0{,}3 = 3$ ist.

Beispiel 2: Aus einem Histogramm die Parameter einer Binomialverteilung bestimmen

Geben Sie die Länge der Bernoulli-Kette an und bestimmen Sie die Trefferwahrscheinlichkeit p.

a) 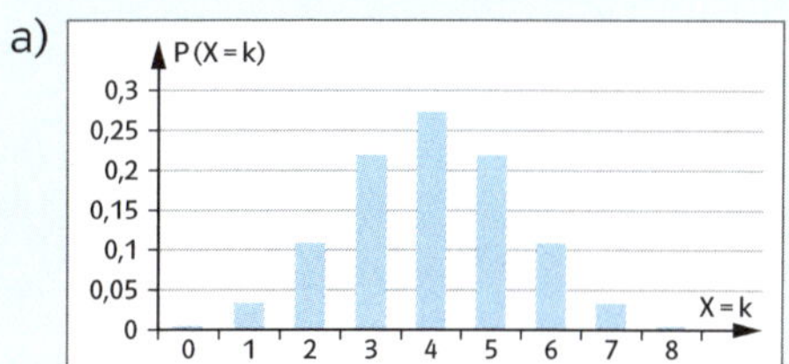

$n = 8$
Das Maximum ist bei $k = 4$, also gilt mithilfe des Erwartungswertes:

$$p = \frac{E(X)}{n} = \frac{4}{8} = 0{,}5$$

b) 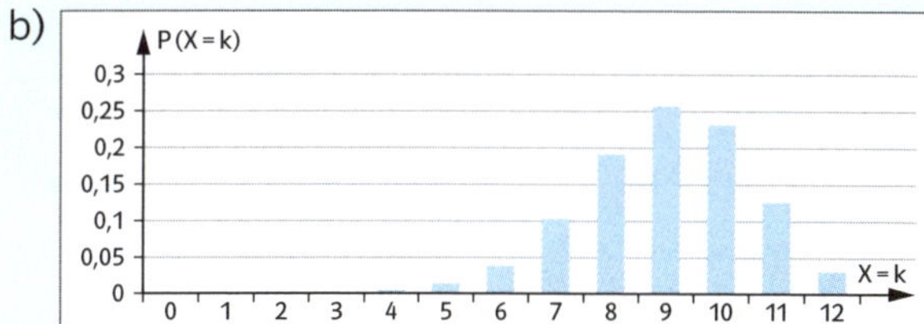

$n = 12$
Das Maximum ist bei $k = 9$, also gilt mithilfe des Erwartungswertes:

$$p = \frac{E(X)}{n} = \frac{9}{12} = \frac{3}{4} = 0{,}75$$

28 **Die Zufallsgröße X ist binomialverteilt mit $n = 12$ und $p = 0{,}4$. Das Histogramm zeigt die Binomialverteilung von X.**

Markieren Sie in verschiedenen Farben und bestimmen Sie mithilfe des Histogramms näherungsweise $P(X = 5)$, $P(X \leq 3)$, $P(X \geq 9)$ und $P(4 < X < 8)$.

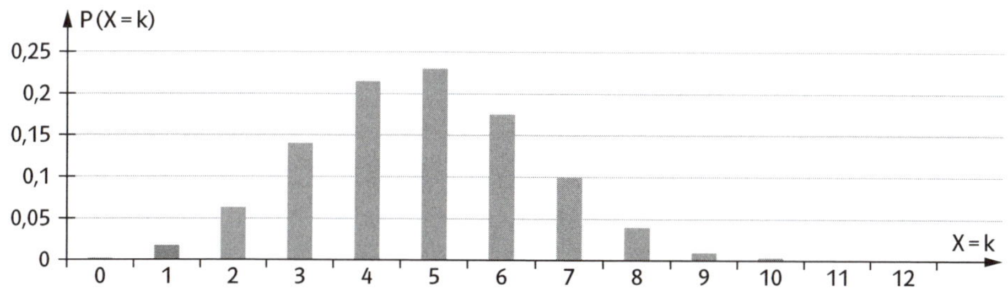

29 **Ordnen Sie das Histogramm der passenden Bernoulli-Kette zu.**

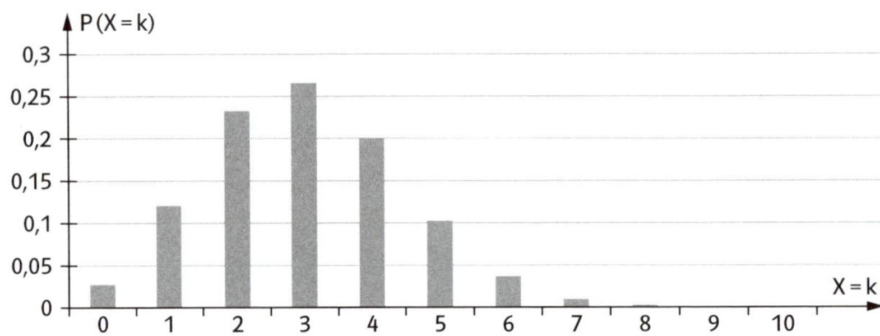

① n = 10; p = 0,1 ② n = 10; p = 0,3

③ n = 10; p = 0,28 ④ n = 10; p = 0,7

30 **Geben Sie die Länge der Bernoulli-Kette an und bestimmen Sie aus dem jeweiligen Histogramm die angegebene Wahrscheinlichkeit.**

a)

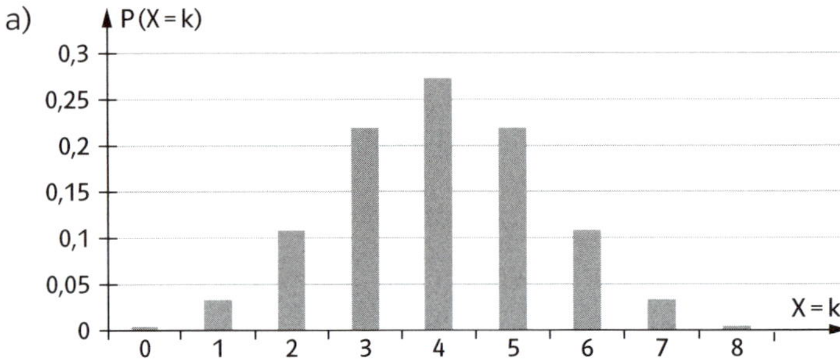

b)

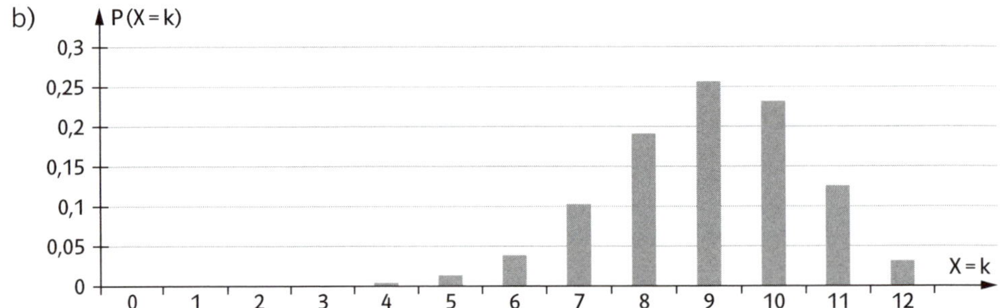

Tipp

Was ist die Standardabweichung einer binomialverteilten Zufallsgröße?

Neben dem Erwartungswert ist die **Standardabweichung σ** eine weitere Kenngröße zur Beschreibung einer Binomialverteilung. Die Standard abweichung ist ein Maß für die **Abweichung der Zufallsgröße vom Erwartungswert**.

Achtung:
Zwei Binomialverteilungen können den gleichen Erwartungswert haben, aber völlig unterschiedlich sein.

Die Standardabweichung einer binomialverteilten Zufallsgröße mit Länge n und Trefferwahrscheinlichkeit p kann berechnet werden mit

$$\sigma = \sqrt{n \cdot p \cdot (1-p)}.$$

Beim Histogramm kann man sich den Erwartungswert und die Standardabweichung so vorstellen:

- Die „Glocke" hat ihr Maximum bei $E(X) = \mu$.
- Die „Breite der Glocke" wird mit σ gemessen.
- Das sogenannte Sigma-Intervall $[E(X) - \sigma; E(X) + \sigma]$ ist symmetrisch zum Erwartungswert.
- Faustformel: Die Wahrscheinlichkeiten, dass ein Treffer im σ-Intervall um den Erwartungswert liegt, beträgt ca. 68 %.

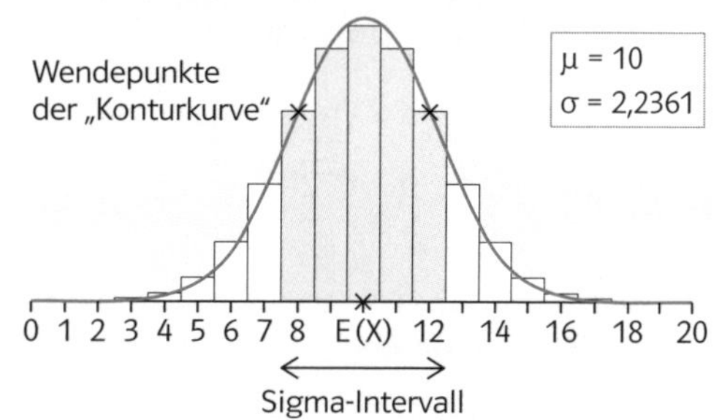

Beispiel 1: Standardabweichung berechnen

Berechnen Sie den Erwartungswert und die Standardabweichung.

$n = 100$ und $p = 0{,}4$

$E(X) = n \cdot p = 100 \cdot 0{,}4 = 40$

$\sigma = \sqrt{100 \cdot 0{,}4 \cdot 0{,}6} = \sqrt{24} \approx 4{,}90$

Beispiel 2: Standardabweichung berechnen und Sigma-Intervall bestimmen

Ein Würfel wird 600-mal geworfen. X zählt die Anzahl der Sechsen.

Berechnen Sie den Erwartungswert, die Standardabweichung und bestimmen Sie das σ-Intervall.

$E(X) = n \cdot p = 600 \cdot \frac{1}{6} = 100$

$\sigma = \sqrt{600 \cdot \frac{1}{6} \cdot \frac{5}{6}} = \sqrt{\frac{500}{6}} \approx 9{,}1$

σ-Intervall: $[100 - 9{,}1; 100 + 9{,}1]$, also $[91; 109]$

Interpretieren Sie Ihr Ergebnis.

Mit etwa 68 % Wahrscheinlichkeit weichen die Werte von X um höchstens 9 vom Erwartungswert 100 ab.

Hinweis:
Da die Trefferanzahl immer ganzzahlig ist, werden auch die Grenzen des σ-Intervalls als ganze Zahlen angegeben. Dabei wird die linke Grenze immer aufgerundet und die rechte Grenze immer abgerundet.

31 **Berechnen Sie den Erwartungswert und Standardabweichung.**

a) $n = 10;\ p = 0{,}4$

b) $n = 20;\ p = 0{,}7$

c) $n = 50;\ p = 0{,}3$

d) $n = 200;\ p = 0{,}1$

32 **Eine Zufallsgröße X ist binomialverteilt mit $p = 0{,}4$. Bestimmen Sie das σ-Intervall und die zugehörige Wahrscheinlichkeit.**

a) $n = 15$

b) $n = 20$

c) $n = 50$

33 **Die Zufallsgröße X ist binomialverteilt mit dem Erwartungswert E(X) und der Standardabweichung σ. Bestimmen Sie n und p.**

a) $E(X) = 8;\ \sigma = \sqrt{6{,}4}$

b) $E(X) = 20;\ \sigma = \sqrt{\frac{20}{3}}$

d) $E(X) = 48;\ \sigma = \sqrt{12}$

34 **Die Abbildungen zeigen Histogramme von binomialverteilten Zufallsgrößen. Beide Zufallsgrößen haben den Erwartungswert 10.**

Bestimmen Sie die Parameter n, p und die Standardabweichung.

a)

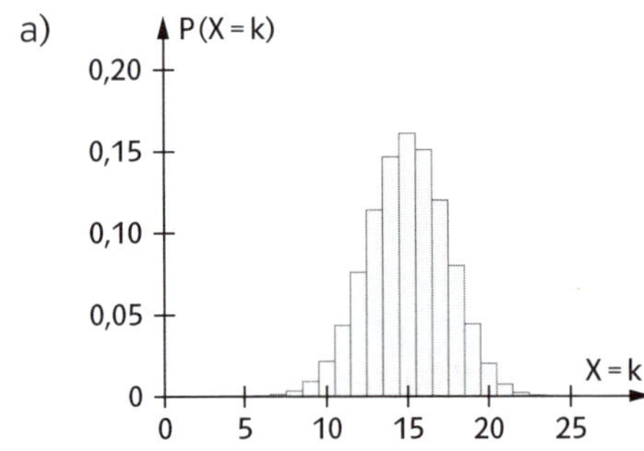

b)

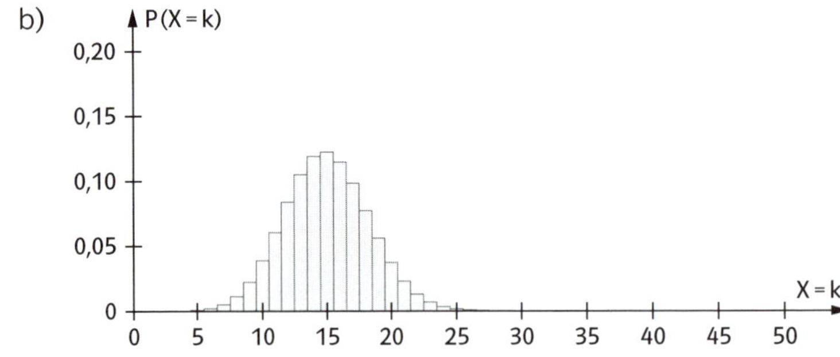

3 Testen von Hypothesen

Hypothesentests

Tipp

Was ist ein Hypothesentest?

Muss man eine Entscheidung aufgrund einer Vorhersage fällen oder eine Prognose abgeben, weiß man oft erst im Nachhinein, ob die Entscheidung bzw. Prognose richtig war oder nicht. Denn, wenn das Ergebnis nicht mit Sicherheit vorhergesagt werden kann, ist immer eine gewisse Fehlerwahrscheinlichkeit vorhanden.

Häufig wird auch eine Behauptung oder andere Meinung (sog. **Alternativhypothese H_A**, oft auch mit H_1 bezeichnet) zu einer bestehenden Tatsache formuliert. Der **Hypothesentest** liefert dann ein **standardisiertes** Verfahren, wie man durch Testen einer Hypothese (sog. **Nullhypothese H_0**) **Entscheidungsregeln** formulieren kann, wann man die Hypothese annehmen oder ablehnen sollte.

Tipp:
Einen Hypothesentest kann man mit einem Gerichtsverfahren vergleichen, in dem der Grundsatz gilt:
Im Zweifel für den Angeklagten, d.h. der Angeklagte gilt so lange als unschuldig, bis seine Schuld mithilfe von Beweisen nachgewiesen werden kann.

Je nach Behauptung gibt es verschiedene Hypothesentests. Grundsatz dabei ist wie bei allen statistischen Tests, dass man das **Gegenteil der Vermutung widerlegen** muss.

Bei einem **zweiseitigen Hypothesentest** (auch zweiseitiger **Signifikanztest**) ist die Wahrscheinlichkeit der Alternativhypothese **ungleich** der Wahrscheinlichkeit der Nullhypothese und man bestimmt den Annahmebereich $[a;b]$, also diejenigen Werte, für die ein Ereignis im Rahmen einer gewissen Fehlerwahrscheinlichkeit eintritt.

Bei einem **linksseitigen Hypothesentest** (auch linksseitiger **Signifikanztest**) ist die Wahrscheinlichkeit der Alternativhypothese **kleiner** als die Wahrscheinlichkeit der Nullhypothese, deshalb sprechen geringe Werte von X gegen die Behauptung und der Ablehnungsbereich ist $[0;a]$.

Bei einem **rechtsseitigen Hypothesentest** (auch rechtsseitiger **Signifikanztest**) ist die Wahrscheinlichkeit der Alternativhypothese **größer** als die Wahrscheinlichkeit der Nullhypothese, deshalb sprechen große Werte von X gegen die Behauptung, und der Ablehnungsbereich ist $[b;n]$.

Tipp

Wahrscheinlichkeitsverteilung eines Hypothesentests

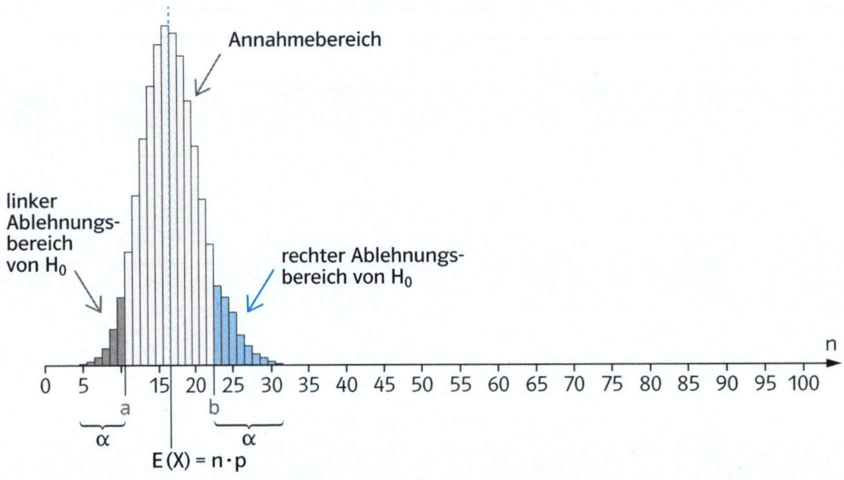

Woran erkennt man, was die Nullhypothese und die Alternativhypothese ist und welchen Hypothesentest man anwenden muss?

Bei einem Hypothesentest gilt:

In der **Nullhypothese H_0** kommt immer ein **Gleichheits- oder Ungleichheitszeichen** in irgendeiner Form vor, z.B. als Symbol =, ≤ oder ≥ oder in Worten wie „gleich", „höchstens" oder „mindestens".

- Umgekehrt erkennt man die **Alternativhypothese H_A**, wenn in der Formel oder in Worten **kein Gleichheitszeichen** vorkommt, wenn also als Symbole ≠, < und > oder die Worte „ungleich", „weniger als" oder „mehr als" vorkommen.
- Lautet die Alternativhypothese $\mathbf{H_A}$: $\mathbf{p < p_0}$, dann handelt es sich um einen **linksseitigen Signifikanztest** und der Ablehnungsbereich liegt links.

  Lautet die Alternativhypothese $\mathbf{H_A}$: $\mathbf{p > p_0}$, dann handelt es sich um einen **rechtsseitigen Signifikanztest** und der Ablehnungsbereich liegt rechts.

  Lautet die Alternativhypothese $\mathbf{H_A}$: $\mathbf{p \neq p_0}$, dann handelt es sich um einen **zweiseitigen Signifikanztest** und der Ablehnungsbereich liegt sowohl links als auch rechts.

Tipp

Beispiel: Null- und Alternativhypothesen formulieren und Art des Tests angeben

Ein Dartspieler behauptet, mit einer Wahrscheinlichkeit von 80 % ein Doppelfeld zu treffen. Sein Gegner bezweifelt das und vermutet, dass die Wahrscheinlichkeit kleiner ist.
Formulieren Sie die Null- und Alternativhypothese und geben Sie an, um welche Art von Test es sich handelt.

• Nullhypothese H_0 formulieren	Behauptung des Dartspielers ist die Nullhypothese H_0 mit $p_0 = 80\%$.
• Alternativhypothese H_A formulieren	Vermutung des Gegners: Alternativhypothese H_A mit $p_A < 80\%$.
• Test bestimmen	Da $p_A < p_0$, handelt es sich um einen linksseitigen Hypothesentest.

1 **Ein Unternehmen stellt Schrauben her. Erfahrungsgemäß sind mindestens 4 % der hergestellten Schrauben fehlerhaft.**
Nach Einführung einer neuen Maschine vermutet der Produktionsleiter, dass sich der Anteil der fehlerhaften Teile reduziert hat.

Formulieren Sie die zugehörige Nullhypothese.

2 **Der Hersteller eines Medikaments behauptet, dass dieses bei höchstens 5 % der Patienten Nebenwirkungen verursacht. Ein Arzt bezweifelt das und behauptet, dass die Wahrscheinlichkeit, Nebenwirkungen zu bekommen, höher ist.**

Formulieren Sie die Null- und Alternativhypothese.

3 **Charlotte behauptet, dass ein Würfel gezinkt ist.**

Formulieren Sie die Null- und Alternativhypothese.

4 **50 Überraschungstüten werden zufällig ausgewählt. Mit einer Wahrscheinlichkeit von 30 % befindet sich eine Sammelfigur in einer Tüte.**

Nach einem Wechsel des Herstellers vermutet ein Kunde, dass sich der Anteil der Sammelfiguren reduziert hat. Formulieren Sie die Nullhypothese.

Tipp

Strategie zur Durchführung eines einseitigen Hypothesentests

Muss man eine Aufgabe mithilfe eines Hypothesentests lösen, kann man immer schrittweise nach dem gleichen Schema vorgehen.

Hinweis:
Häufig sind die Null- und Alternativhypothese in der Prüfungsaufgabe schon formuliert.

1. Formulieren der Nullhypothese H_0 und der Alternativhypothese H_A und damit Feststellung, um welchen Test es sich handelt.
   linksseitig: $H_0: p_A < p_0$
   rechtsseitig: $H_0: p_A > p_0$
   zweiseitig: $H_0: p_A \neq p_0$
2. Notwendige Daten aus der Aufgabe ablesen:
   - Stichprobenumfang (Anzahl der Durchführungen) n
   - maximale Irrtumswahrscheinlichkeit (Signifikanzniveau) α
3. Bestimmung des Annahme- und Ablehnungsbereichs der Nullhypothese mithilfe der binomialverteilten Zufallsgröße.
   linksseitig: größtes a mit $P(X \leq a) \leq \alpha$
   rechtsseitig: kleinstes b mit $P(X \geq b) \leq \alpha$ bzw. $1 - P(X \leq b-1) \leq \alpha$
   zweiseitig: größtes a mit $P(X \leq a) \leq \frac{\alpha}{2}$ und kleinstes b mit $P(X \geq b) \leq \frac{\alpha}{2}$
4. Formulierung einer Entscheidungsregel.
   Ablehnungsbereich linksseitig: $[0; a]$
   Ablehnungsbereich rechtsseitig: $[b; n]$
   Ablehnungsbereich zweiseitig: $[0; a]$ und $[b; n]$

Beispiel: Durchführen eines linksseitigen Hypothesentests

Ein Dartspieler behauptet, mit einer Wahrscheinlichkeit von 80 % ein Doppelfeld zu treffen. Sein Gegner bezweifelt das und vermutet, dass die Wahrscheinlichkeit kleiner ist. Er zählt 13 Treffer auf ein Doppelfeld bei 20 Versuchen.
Sollte der Gegner bei einer Irrtumswahrscheinlichkeit von höchstens 10 % die Behauptung des Spielers annehmen oder bei seiner Vermutung bleiben? Begründen Sie.

1. Formulieren der Nullhypothese und der Alternativhypothese und damit Feststellung, um welchen Test es sich handelt.

   H_0: Der Spieler hat Recht mit $H_0: p_0 = 80\,\% = 0{,}8$
   H_A: Die Vermutung des Gegners stimmt mit $H_A: p_A < 0{,}8$
   Der Test ist linksseitig.

2. Notwendige Daten aus der Aufgabe ablesen:
   - Stichprobenumfang (Anzahl der Durchführungen) n

     X ist binomialverteilt mit $n = 20$
   - maximale Irrtumswahrscheinlichkeit (Signifikanzniveau) α

     Irrtumswahrscheinlichkeit $\alpha \leq 10\,\% = 0{,}1$

Tipp

3. Bestimmung des Annahme- und Ablehnungsbereichs der Nullhypothese mithilfe der binomialverteilten Zufallsgröße.
   linksseitig: größtes a mit $P(X \le a) \le \alpha$

Die Wahrscheinlichkeit für höchstens k Treffer darf nicht größer als 0,1 sein:
$P(X \le a) \le 0{,}1$.
Mit dem WTR ergibt sich für $n = 20$ und $p = 0{,}8$:

n	k	$P(X \le k)$
20	12	0,0321
	13	0,0867
	14	0,1958

4. Formulierung einer Entscheidungsregel.
   Ablehnungsbereich linksseitig: $[0;a]$
   Annahmebereich: $[a+1;n]$

Entscheidungsregel:
Ablehnungsbereich: $[0;13]$
Annahmebereich: $[14;20]$

Die Trefferzahl des Dartspielers liegt im Ablehnungsbereich. Deshalb sollte der Gegner die Behauptung des Spielers bei einer Irrtumswahrscheinlichkeit von höchstens 10 % ablehnen.

5 **Ein Unternehmen stellt Schrauben her. Erfahrungsgemäß sind mindestens 4 % der hergestellten Schrauben fehlerhaft. Nach Einführung einer neuen Maschine vermutet der Produktionsleiter, dass sich der Anteil der fehlerhaften Teile reduziert hat.**

Überprüfen Sie, ob die Vermutung gerechtfertigt ist. Testen Sie dazu die Nullhypothese „Der Anteil der fehlerhaften Schrauben beträgt mindestens 4 %." mit einem Stichprobenumfang von 200 Schrauben und einer Irrtumswahrscheinlichkeit von 5 %.

6 **Der Hersteller eines Medikaments behauptet, dass dieses bei höchstens 5 % der Patienten Nebenwirkungen verursacht. Ein Arzt bezweifelt das und behauptet, dass die Wahrscheinlichkeit, Nebenwirkungen zu bekommen, höher ist.**

Bestimmen und formulieren Sie eine Entscheidungsregel mit 5 % Irrtumswahrscheinlichkeit für den Arzt, wenn die Nebenwirkungen bei 40 Patienten überprüft werden.

7 **Ein Spieler hat den Verdacht, dass ein Würfel gezinkt ist. Dies möchte er mit einer Irrtumswahrscheinlichkeit von maximal 10 % testen.**
Der Würfel wird 30-mal geworfen, die Zufallsgröße X zählt die Anzahl der Sechsen.

Bestimmen und formulieren Sie eine Entscheidungsregel.

Fehler beim Testen von Hypothesen

Tipp

Beim Entscheiden, ob man die Hypothese beibehält oder verwirft, können Fehler passieren. Entscheidet man sich, die Hypothese abzulehnen, obwohl sie wahr ist, begeht man einen **Fehler 1. Art**, akzeptiert man die Nullhypothese, obwohl sie falsch ist, begeht man einen so genannten **Fehler 2. Art**. Es ist jedoch zu beachten, dass man mit einem Test weder die Nullhypothese noch die Alternativhypothese beweisen kann.

Tipp: Wenn man den Test mit einem Gerichtsverfahren vergleicht, wäre der Fehler 1. Art, eine unschuldige Person zu verurteilen und der Fehler 2. Art, eine schuldige Person nicht zu verurteilen.

Die Tabelle zeigt die möglichen Fälle:

	H_0 ist wahr.	**H_0 ist falsch.**
H_0 wird angenommen.	richtige Entscheidung	falsche Entscheidung; Fehler 2. Art: H_0 wird fälschlicherweise beibehalten.
H_0 wird abgelehnt.	falsche Entscheidung; Fehler 1. Art: H_0 wird fälschlicherweise verworfen.	richtige Entscheidung

Die Wahrscheinlichkeit, einen Fehler 1. Art zu begehen, entspricht der (berechneten) **Irrtumswahrscheinlichkeit** α. Diese ist höchstens so groß wie das (vorgegebene) Signifikanznineau. Die Wahrscheinlichkeit für den Fehler 2. Art kann man nur berechnen, wenn man die tatsächliche Trefferwahrscheinlichkeit kennt.

Beispiel: Den Fehler 1. und 2. Art berechnen

Ein Dartspieler behauptet, mit einer Wahrscheinlichkeit von 80 % ein Doppelfeld zu treffen. Sein Gegner bezweifelt das und vermutet, dass die Wahrscheinlichkeit kleiner ist. Er zählt 13 Treffer auf ein Doppelfeld bei 20 Versuchen.

a) Ein Gegner bezweifelt die Behauptung mit einer Irrtumswahrscheinlichkeit von höchstens 10 %. Formulieren Sie den Fehler 1. Art in Worten und bestimmen Sie die Wahrscheinlichkeit.

Die Behauptung des Dartspielers wird irrtümlicherweise verworfen.

$\alpha \approx 0{,}0867 \approx 8{,}7\,\%$ (vgl. S. 42/43)

b) Der Dartspieler trifft in Wirklichkeit nur mit einer Trefferwahrscheinlichkeit von 75 % auf ein Doppelfeld. Formulieren Sie den Fehler 2. Art in Worten und bestimmen Sie die Wahrscheinlichkeit.

$n = 20;\ k = 13;\ p = 0{,}75$:
$P(X \geq 14) = 1 - P(X \leq 13) \approx 0{,}786$
Mit einer Wahrscheinlichkeit von 78,6 % wird die Behauptung des Dartspielers fälschlicherweise angenommen.

4 Stetige Verteilungen – Normalverteilung

Tipp

Was sind diskrete Zufallsgrößen?

Bei einer diskreten Zufallsgröße X können die zugehörigen Werte durchnummeriert werden. Die zugehörige Wahrscheinlichkeitsverteilung von X besteht aus endlich vielen Zufallsgrößen, denen eine Wahrscheinlichkeit zugeordnet wird, wie z. B. bei der Binomialverteilung.

Wie kann man diskrete Wahrscheinlichkeiten als Flächen darstellen?

Die Wahrscheinlichkeiten einer diskreten Wahrscheinlichkeitsverteilung wie z. B. der Binomialverteilung können in einer Tabelle aufgelistet und als Rechteckflächen in einem Histogramm dargestellt werden.

Ist die Breite der Rechtecke jeweils 1, gilt:

- Die Fläche von jedem Rechteck entspricht der zugehörigen Wahrscheinlichkeit und damit dem Wert der Höhe.
- Die Gesamtfläche aller Rechtecke beträgt 1.

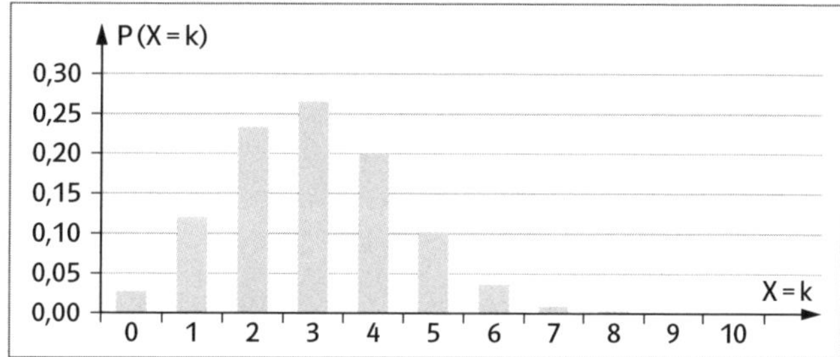

Stetige Wahrscheinlichkeitsverteilungen und ihre Darstellung (Gauß'sche Glockenkurve)

Eine **stetige Zufallsgröße X** kann als Wert jede reelle Zahl annehmen. Die zugehörige Wahrscheinlichkeitsverteilung von X kann mithilfe der sogenannten Wahrscheinlichkeitsdichte oder Dichtefunktion modelliert werden. Wie bei einer (stetigen) Funktion auch kann man die zugehörigen Wahrscheinlichkeiten als Kurve darstellen.

Mathematisch kann man ein Histogramm beliebig verfeinern, d. h. die Breite der Rechtecke wird immer kleiner, und als Randkurve durch einen stetigen Graphen ersetzen.
Der zugehörige Definitionsbereich sind dann keine ganzen Zahlen mehr, sondern alle reellen Zahlen in einem bestimmten Intervall.

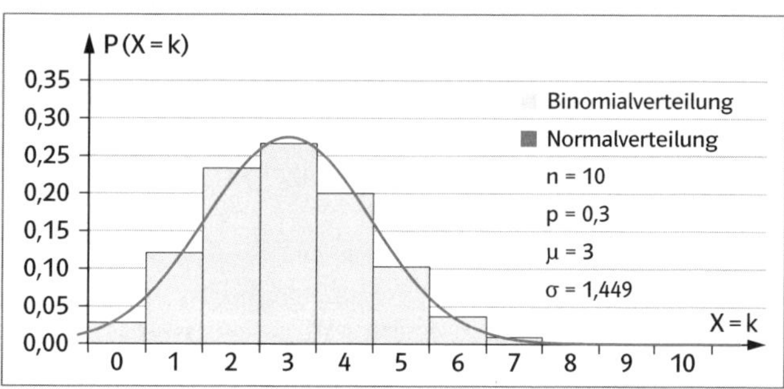

Da bei solch einer Randkurve die Breite der Rechtecke null ist, erhält man für die einzelnen Wahrscheinlichkeiten ebenfalls den Wert 0, obwohl der Flächeninhalt unter dem Graphen immer noch den Wert 1 hat. Die zugehörigen Wahrscheinlichkeiten muss man also mit dem Integral berechnen.

Tipp

Beispiel: Begründen Sie, welche Zufallsgrößen diskret, welche stetig sind.

a) Zahl, die bei Lotto gezogen wird. — Diese Zufallsgröße ist diskret, da beim Lotto nur ganze Zahlen von 1 bis 49 gezogen werden können.

b) Körpergröße — Die Zufallsgröße kann als stetig aufgefasst werden, da die Körpergröße nicht nur aus ganzzahligen Werten besteht.

Was ist die Normalverteilung?

Die Normalverteilung (auch Gauß'sche Normalverteilung oder einfach nur Gauß-Verteilung genannt) ist eine der wichtigsten (stetigen) Wahrscheinlichkeitsverteilungen.

Die Funktion φ mit

$$\varphi_{\mu;\sigma}(x) = \frac{1}{\sigma \cdot \sqrt{2\pi}} \cdot e^{-\frac{(x-\mu)^2}{2\sigma^2}}$$

heißt Gauß'sche Glockenfunktion mit Erwartungswert μ und Standardabweichung σ. Ihr Graph wird wegen seiner charakteristischen Form auch (Gauß'sche) Glockenkurve genannt.

Eine stetige Zufallsgröße X heißt normalverteilt, wenn gilt: $P(a \leq X \leq b) = \int_a^b \varphi_{\mu;\sigma}(x)\,dx$.

Achtung: Die Funktionswerte f(x) sind **keine** Wahrscheinlichkeiten, da gilt: $\int_k^k f(x)\,dx = 0$.

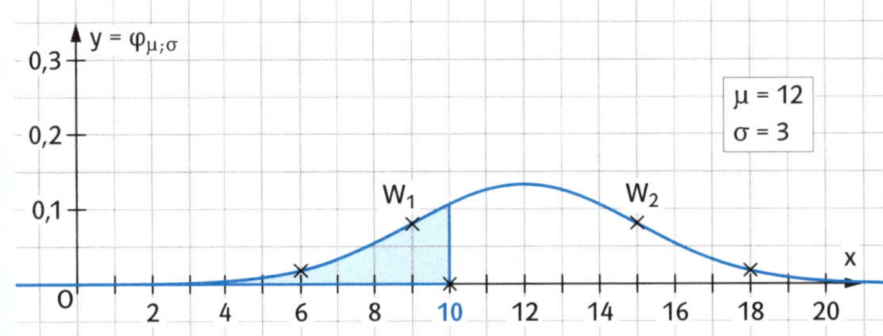

Die Normalverteilung hat folgende Eigenschaften:

- Die Summe aller Wahrscheinlichkeiten ist 1. Damit muss gelten: $\int_{-\infty}^{+\infty} f(x)\,dx = 1$.
- An der Stelle $x_1 = \mu$ (Erwartungswert) hat die Gauß'sche Glockenkurve das Maximum.
- Die Kurve ist achsensymmetrisch zur Geraden $x = \mu$.
- Die Kurve nähert sich asymptotisch der x-Achse für $x \rightarrow \pm\infty$.
- Die Kurve hat zwei Wendestellen $x_{1,2} = \mu \pm \sigma$. Der Abstand der Wendestellen vom Erwartungswert μ ist also die Standardabweichung σ.
- Als Faustformel gilt: Die **Standardabweichung** vom Erwartungswert beträgt etwa **68 %**.

Tipp

Beispiel: Wahrscheinlichkeiten normalverteilter Zufallsgrößen bestimmen

Berechnen Sie mithilfe des Taschenrechners für die normalverteilte Zufallsgröße mit Erwartungswert $\mu = 25$ und Standardabweichung $\sigma = 5$ die Wahrscheinlichkeit $P(X \leq 20)$.

Eine Normalverteilung hängt von den vier Parametern a, b, μ und σ ab. Taschenrechner haben für die Berechnung von Wahrscheinlichkeiten einen Befehl, der meist „normal cdf", „normal cd" oder „Kumul. Normal-V" heißt.
Geben Sie die zugehörigen Parameter in den Taschenrechner ein.
$P(X \leq 20) \approx 0{,}159$.

1 **Begründen Sie, welche Zufallsgrößen diskret, welche stetig sind.**

a) Länge von Schrauben

b) Anzahl der Sammelfiguren in Überraschungstüten

c) Gewicht von Schulranzen

2 **Ein Hersteller produziert Schrauben. Die Länge X einer Produktion ist näherungsweise normalverteilt mit $\mu = 65\,\text{mm}$ und $\sigma = 1\,\text{mm}$.**

a) Bestimmen Sie die Wahrscheinlichkeit dafür, dass die Schraubenlänge kleiner als 64 mm ist.

b) Bestimmen Sie, welche Längengenauigkeit (65 mm ± g) der Hersteller mit einer Wahrscheinlichkeit von 99 % garantieren kann.

3 **Die durchschnittliche Körpergröße von Frauen in Deutschland belief sich 2011 auf 163,5 cm. Die Zufallsgröße X ist normalverteilt und beschreibt die Körpergröße einer zufällig ausgewählten Frau.**

a) Bestimmen Sie, mit welcher Wahrscheinlichkeit eine zufällig ausgewählte Frau kleiner als 160 cm ist.

b) Bestimmen Sie, mit welcher Wahrscheinlichkeit eine zufällig ausgewählte Frau größer als 165 cm ist.

Tipp

Beispiel: Eine Glockenkurve skizzieren und Wahrscheinlichkeiten grafisch bestimmen

Gegeben ist eine normalverteilte Zufallsgröße mit Erwartungswert $\mu = 8$ und Standardabweichung $\sigma = 3$.
a) Skizzieren Sie die zugehörige Glockenkurve.
b) Erklären Sie, wie man $P(X \leq 10)$ bestimmen kann.

a) Markieren Sie den Hochpunkt H bei $\mu = 8$. Mit dem Taschenrechner erhalten Sie das zugehörige Maximum. Markieren Sie die Wendepunkte W_1 und W_2.

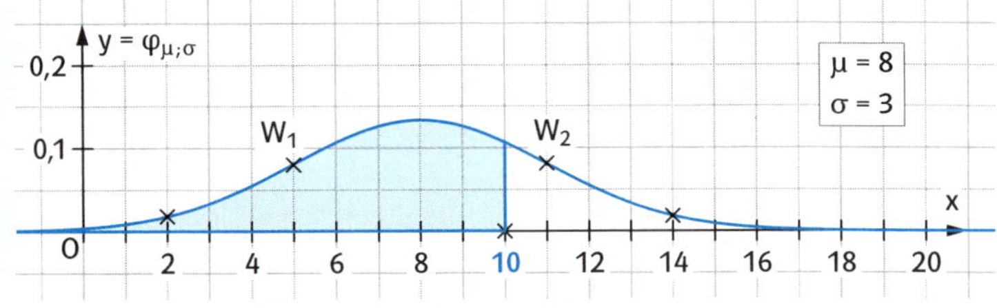

b) $P(X \leq 10)$ entspricht der Fläche zwischen 0 und 10.

$P(X \leq 10) \approx 0{,}75$

Überlegen Sie, welchen Flächeninhalt ein Kästchen hat, in diesem Fall ist es 0,05. Zählen Sie Kästchen und schätzen Sie den Flächeninhalt ab.

4 **Gegeben ist eine normalverteilte Zufallsgröße mit Erwartungswert $\mu = 16$ und Standardabweichung $\sigma = 2$.**

a) Skizzieren Sie die zugehörige Glockenkurve.

b) Bestimmen Sie $P(X \leq 14)$ näherungsweise mithilfe des Graphen.

5 **Gegeben ist der Graph der Glockenkurve einer normalverteilten Zufallsgröße. Die Parameter μ und σ sind ganzzahlig.**

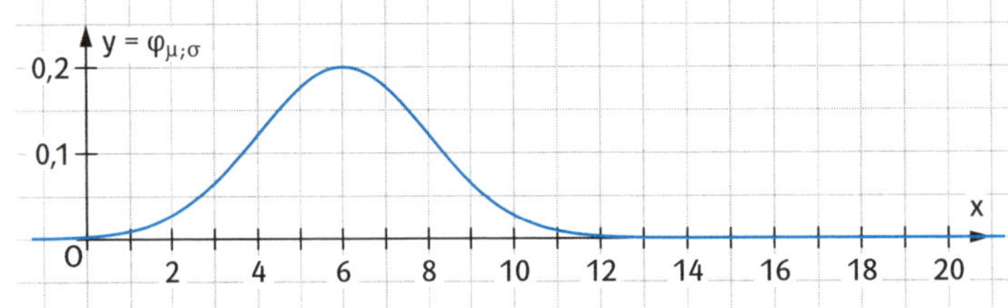

a) Geben Sie μ und σ an.

b) Geben Sie $P(X = 3)$ an.

c) Bestimmen Sie $P(4 \leq X \leq 9)$ mithilfe des Graphen.

Lösungen

1 Grundlagen

1 a) Baumdiagramm Ergebnisse

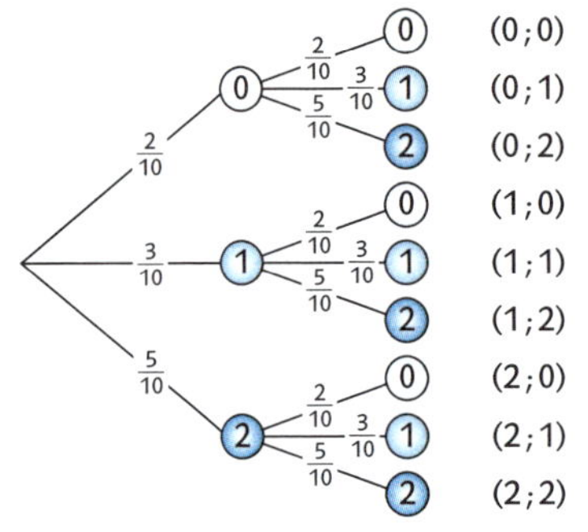

b) A = {(0 ; 1), (1 ; 0)}

$P(A) = \frac{2}{10} \cdot \frac{3}{10} + \frac{3}{10} \cdot \frac{2}{10} = \frac{6}{100} + \frac{6}{100} = \frac{12}{100} = 12\%$

B = {(0 ; 0), (0 ; 2), (2 ; 0), (2 ; 2)}

$P(B) = \frac{2}{10} \cdot \frac{2}{10} + \frac{2}{10} \cdot \frac{5}{10} + \frac{5}{10} \cdot \frac{2}{10} + \frac{5}{10} \cdot \frac{5}{10} = \frac{49}{100} = 49\%$

C ist das Gegenereignis von B:

$P(C) = 1 - P(B) = 1 - \frac{49}{100} = \frac{51}{100} = 51\%$

2

(10 ; K) (10 ; A) (K ; 10) (K ; K) (K ; A) (A ; 10) (A ; K) (A ; A)

A = {(10 ; Ass), (Ass ; 10)}

$P(A) = \frac{1}{8} \cdot \frac{4}{7} + \frac{4}{8} \cdot \frac{1}{7} = \frac{1}{7}$

B = {(10 ; Ass), (Ass ; 10), (Ass ; Ass)}

$P(B) = \frac{1}{8} \cdot \frac{4}{7} + \frac{4}{8} \cdot \frac{1}{7} + \frac{4}{8} \cdot \frac{3}{7} = \frac{20}{56} = \frac{5}{14}$

Es geht auch kürzer, wenn man direkt das Zufallsexperiment „Es wird zweimal kein König aufgedeckt" betrachtet:

$P(B) = \frac{5}{8} \cdot \frac{4}{7} = \frac{20}{56} = \frac{5}{14}$

3 P(A) = P(1 ; 1) = 0,5 · 0,5 = 0,25

P(B) = P(keine 1, 1 ; 1, keine 1) = 0,5 · 0,5 + 0,5 · 0,5 = 0,25 + 0,25 = 0,5

P(„gerade Zahl") = P(2) + P(4) + P(6) = 0,06 + 0,26 + 0,06 = 0,38

P(„ungerade Zahl") = P(1) + P(3) + P(5) = 0,5 + 0,06 + 0,06 = 0,62

P(C) = P(„gerade, ungerade") + P(„ungerade, gerade") = 0,38 · 0,62 + 0,62 · 0,38 = 0,2356 + 0,2356 = 0,4712

P(D) = P(1 ; 1) + P(2 ; 2) + P(3 ; 3) + P(4 ; 4) + P(5 ; 5) + P(6 ; 6)

= 0,5 · 0,5 + 0,06 · 0,06 + 0,06 · 0,06 + 0,26 · 0,26 + 0,06 · 0,06 + 0,06 · 0,06 = 0,332

4 Bei dem zugehörigen Baumdiagramm gibt es

Anzahl der Wirkungen	5	4	3	2	1	0
Anzahl der Pfade	1	5	10	10	5	1

Anzahl der Pfade mit genau 3 Wirkungen

$P(A) = \underbrace{0{,}8^3 \cdot 0{,}2^2} \cdot 10 = 0{,}2048$

Wahrscheinlichkeit eines Astes mit 3-mal Wirkung

$P(B) = 0{,}2^5 = 0{,}00032$

$P(C) = P(\text{„wirkt nie"}) + P(\text{„wirkt einmal"}) + P(\text{„wirkt zweimal"})$
$= 0{,}25 + 0{,}81 \cdot 0{,}24 \cdot 5 + 0{,}82 \cdot 0{,}23 \cdot 10 = 0{,}05792$

$P(D) = 0{,}8^4 \cdot 0{,}2 \cdot 5 + 0{,}8^5 = 0{,}73728$

$P(E) = 0{,}8^5 = 0{,}32768$

5 $P(A) = \left(\frac{14}{50}\right)^3 + \left(\frac{12}{50}\right)^3 + \left(\frac{24}{50}\right)^3 = \frac{18\,296}{125\,000} \approx 0{,}146$

$P(B) = 3 \cdot \left(\frac{24}{50}\right)^2 \cdot \left(\frac{14}{50}\right) = \frac{24\,192}{125\,000} \approx 0{,}194$

$P(C) = \left(\frac{38}{50}\right)^3 = \frac{54\,872}{125\,000} \approx 0{,}439$

6 a) $P(A) = \frac{3}{10} \cdot \frac{2}{10} \cdot \frac{4}{10} = \frac{24}{1000} = 0{,}024$

$P(B) = \frac{4}{10} \cdot \frac{2}{10} \cdot \frac{4}{10} = \frac{32}{1000} = 0{,}032$

$P(C) = \frac{3}{10} \cdot \frac{1}{10} \cdot \frac{4}{10} = \frac{12}{1000} = 0{,}012$

$P(D) = \frac{4}{10} \cdot \frac{1}{10} \cdot \frac{3}{10} = \frac{12}{1000} = 0{,}012$

$P(E) = \frac{3}{10} \cdot \frac{2}{10} \cdot \frac{3}{10} = \frac{18}{1000} = 0{,}018$

b) $P(A) = \frac{3}{10} \cdot \frac{2}{9} \cdot \frac{4}{8} = \frac{24}{720} = \frac{1}{30} \approx 0{,}033$

$P(B) = \frac{4}{10} \cdot \frac{2}{9} \cdot \frac{3}{8} = \frac{24}{720} = \frac{1}{30} \approx 0{,}033$

$P(C) = \frac{3}{10} \cdot \frac{1}{9} \cdot \frac{4}{8} = \frac{12}{720} = \frac{1}{60} \approx 0{,}017$

$P(D) = P(C)$

$P(E) = \frac{3}{10} \cdot \frac{2}{9} \cdot \frac{2}{8} = \frac{12}{720} = \frac{1}{60} \approx 0{,}017 A = \{(0;1), (1;0)\}$

7 $P(A) = P\left(BB\overline{B}\overline{B};\ B\overline{B}B\overline{B};\ B\overline{B}\overline{B}B;\ \overline{B}BB\overline{B};\ \overline{B}B\overline{B}B;\ \overline{B}\overline{B}BB\right) = 6 \cdot 0{,}11 \cdot 0{,}11 \cdot 0{,}89 \cdot 0{,}89 = 0{,}058$
$P(B) = 0{,}41^4 \approx 0{,}028$
$P(C) = 0{,}41 \cdot 0{,}43 \cdot 0{,}11 \cdot 0{,}05 \cdot 24 \approx 0{,}023$
$P(D) = 0{,}95^4 \approx 0{,}815$
$P(E) = P(00AA; 0AA0; 0A0A; AA00; A00A; A0A0) = 0{,}43 \cdot 0{,}43 \cdot 0{,}41 \cdot 0{,}41 \cdot 6 \approx 0{,}186$

8

X = k	−1 €	0 €	4 €
P(X = k)	$\frac{25}{36}$	$\frac{10}{36}$	$\frac{1}{36}$

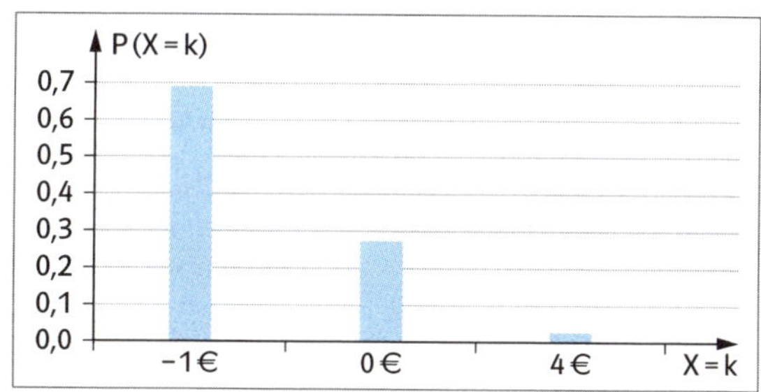

9 Berechnen Sie den Erwartungswert mit der Formel. Multiplizieren Sie jeden Wert der Zufallsvariable mit der zugehörigen Wahrscheinlichkeit und addieren Sie die Produkte.

$E(X) = -2 \cdot \frac{1}{4} + 0 \cdot \frac{1}{16} + 1 \cdot \frac{1}{2} + 2 \cdot \frac{1}{12} = -\frac{1}{2} + \frac{1}{2} + \frac{1}{6} = \frac{1}{6} \approx 0{,}167$

10 a)

X = k	2	3	4	5	6	7	8
P(X = k)	$\frac{1}{4} \cdot \frac{1}{4} = \frac{1}{16}$	$2 \cdot \frac{1}{16} = \frac{1}{8}$	$3 \cdot \frac{1}{16} = \frac{3}{16}$	$4 \cdot \frac{1}{16} = \frac{1}{4}$	$3 \cdot \frac{1}{16} = \frac{3}{16}$	$2 \cdot \frac{1}{16} = \frac{2}{16} = \frac{1}{8}$	$\frac{1}{16}$

b) $E(X) = 2 \cdot \frac{1}{16} + 3 \cdot \frac{1}{8} + 4 \cdot \frac{3}{16} + 5 \cdot \frac{1}{4} + 6 \cdot \frac{3}{16} + 7 \cdot \frac{1}{8} + 8 \cdot \frac{1}{16} = \frac{80}{16} = 5$

11 a)

X = k	0	1	2
P(X = k)	$\frac{3}{7} \cdot \frac{3}{7} = \frac{9}{49}$	$2 \cdot \frac{4}{7} \cdot \frac{3}{7} = \frac{24}{49}$	$\frac{4}{7} \cdot \frac{4}{7} = \frac{16}{49}$

b) $E(X) = 0 \cdot \frac{9}{49} + 1 \cdot \frac{24}{49} + 2 \cdot \frac{16}{49} = \frac{56}{49} \approx 1{,}14$

12 $E(X) = -1\,€ \cdot \frac{25}{36} + 0\,€ \cdot \frac{10}{36} + 4\,€ \cdot \frac{1}{36} = -\frac{21}{36}\,€ \approx -0{,}58\,€$

Beim Werfen mit zwei Würfeln kann man in diesem Spiel mit einem durchschnittlichen Verlust von etwa 0,58 € pro Spiel rechnen. Das Spiel ist also nicht fair.

13 a)

X = k	−3 ct	−1 ct	0 ct	1 ct	2 ct	3 ct
P(X = k)	$\frac{3}{6} \cdot \frac{3}{6} = \frac{1}{4}$	$2 \cdot \frac{3}{6} \cdot \frac{2}{6} = \frac{1}{3}$	$2 \cdot \frac{3}{6} \cdot \frac{1}{6} = \frac{1}{6}$	$\frac{2}{6} \cdot \frac{2}{6} = \frac{1}{9}$	$2 \cdot \frac{2}{6} \cdot \frac{1}{6} = \frac{1}{9}$	$\frac{1}{6} \cdot \frac{1}{6} = \frac{1}{36}$

b) $E(X) = -3 \cdot \frac{1}{4} - 1 \cdot \frac{1}{3} + 0 \cdot \frac{1}{6} + 1 \cdot \frac{1}{9} + 2 \cdot \frac{1}{9} + 3 \cdot \frac{1}{36} = -\frac{2}{3}$; das Spiel ist also nicht fair.

14 a: Verkaufspreis für ein Los

$$(100 - a) \cdot \frac{1}{100} + (25 - a) \cdot \frac{1}{100} + (10 - a) \cdot \frac{1}{100} + (1 - a) \cdot \frac{97}{100} = 0$$

$$\frac{100}{100} - \frac{a}{100} + \frac{25}{100} - \frac{a}{100} + \frac{10}{100} + \frac{97}{100} = 0$$

$$\frac{232}{100} = \frac{100a}{100}$$

$$a = 2{,}32$$

Der Verkaufspreis müsste 2,32 € betragen, damit Einnahmen und Ausgaben übereinstimmen.

15

X = k	5 − a	10 − a	0	−a
P(X = k)	$\frac{6}{36} = \frac{1}{6}$	$\frac{2}{36} = \frac{1}{18}$	$\frac{10}{36} = \frac{5}{8}$	$\frac{18}{36}$

$$E(X) = (5 - a) \cdot \frac{6}{36} + (10 - a) \cdot \frac{2}{36} - a \cdot \frac{18}{36} = 0$$

$$\frac{30}{36} - \frac{6}{36}a + \frac{20}{36} - \frac{2}{36}a - \frac{18}{36}a = 0$$

$$a = \frac{50}{26} \approx 1{,}92$$

Der Einsatz müsste etwa 1,92 € betragen, damit das Spiel fair wäre.

16

X = k	a − 1 €	a − 2 €
P(X = k)	0,95	0,05

$E(X) = (a - 1\,€) \cdot 0{,}95 + (a - 2\,€) \cdot 0{,}05 = 0{,}1\,€$; also $a = 1{,}15\,€$
Die Spielzeugfigur müsste für 1,15 € verkauft werden, damit im Schnitt pro Figur ein Gewinn von 10 ct erzielt wird.

17 a) S: Sieg; N: Niederlage

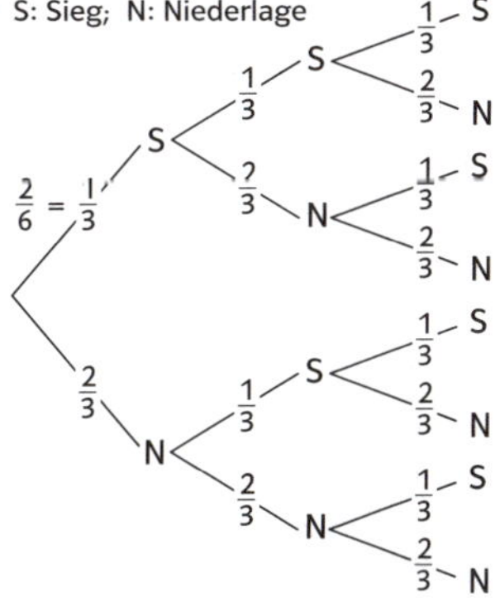

b) $E(X) = 8 \cdot 20 \cdot \frac{1}{27} + 2 \cdot 20 \cdot \frac{2}{27} + 2 \cdot 20 \cdot \frac{2}{27} + 0{,}5 \cdot 20 \cdot \frac{4}{27} + 2 \cdot 20 \cdot \frac{2}{27}$
$+ 0{,}5 \cdot 20 \cdot \frac{4}{27} + 0{,}5 \cdot 20 \cdot \frac{4}{27} + \frac{1}{8} \cdot 20 \cdot \frac{8}{27}$
$= 20$

Ein Spieler kann also am Ende des Spiels mit etwa 20 Bonbons rechnen.

18 Es gibt insgesamt 26 Kleinbuchstaben (von a bis z), 26 Großbuchstaben (von A bis Z) und 10 Ziffern (von 0 bis 9).

a) Es gibt $26 \cdot 26 \cdot 10 \cdot 10 = 67\,600$ Passwörter.
b) Es gibt $52 \cdot 52 \cdot 10 = 27\,040$ Passwörter.
c) Es gibt $26 \cdot 26 \cdot 26 \cdot 26 \cdot 26 \cdot 26 = 26^6 = 308\,915\,776$ Passwörter.
d) Es gibt $52 \cdot 52 \cdot 52 \cdot 52 = 52^4 = 7\,311\,616$ Passwörter.
e) Es gibt $10 \cdot 10 \cdot 10 \cdot 10 = 10^4 = 10\,000$ Passwörter.

19 a)

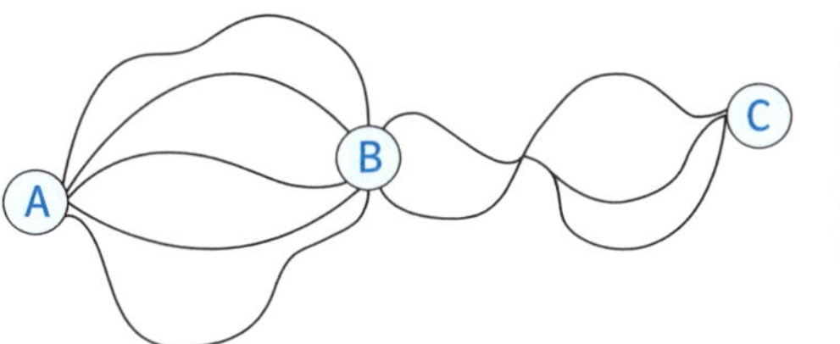

☐ 5
☐ 10
☐ 20
☐ 21
☒ 30

Es gibt $5 \cdot 2 \cdot 3 = 30$ Möglichkeiten, um von A nach C zu gelangen.

20 $8 \cdot 10 \cdot 5 \cdot 7 = 2800$ Frau Wunderschön kann sich auf 2800 Arten kleiden.

21 Auf die Reihenfolge kommt es nicht an, also gibt es $26 \cdot 26 = 26^2$ Möglichkeiten.

☐ 26 ☐ 26 + 26 ☐ $26 \cdot 2$ ☒ 26^2

22 $4 \cdot 4 \cdot 4 \cdot 4 \cdot 4 = 4^5$ Es gibt 1024 verschiedene Ergebnisse.

23 Für Platz 1 gibt es 24 Schüler, für Platz 2 noch 23 Schüler, …

☐ $24 \cdot 1$ ☐ 2423 ☒ 24! ☐ $\binom{1}{24}$

24 $4 \cdot 3 \cdot 2 \cdot 1$

☐ 1 ☐ 4 ☐ 10 ☒ 24

25 a) $\binom{7}{5} = \frac{7 \cdot 6 \cdot \cancel{5} \cdot \cancel{4} \cdot \cancel{3}}{\cancel{5} \cdot \cancel{4} \cdot \cancel{3} \cdot 2 \cdot 1} = 21$ Es gibt 21 Möglichkeiten, dass 5 Kerzen brennen.

b) Mindestens 5 Kerzen bedeutet hier, dass 5, 6 oder 7 Kerzen brennen.

$\binom{7}{5} + \binom{7}{6} + \binom{7}{7} = 21 + 7 + 1 = 29$ Es gibt 29 Möglichkeiten, dass mindestens 5 Kerzen brennen.

26 C: Charlotte, T: Tim, F: Freund

a) Charlotte kann wie folgt sitzen: FCFF oder FFCF.
Die drei Freunde können sich die drei Plätze auf $3 \cdot 2 \cdot 1 = 6$ Möglichkeiten aufteilen. Damit gibt es 12 Möglichkeiten, wie die Freunde sitzen können. Insgesamt gibt es $4 \cdot 3 \cdot 2 \cdot 1 = 24$ Sitzkombinationen.

Damit gilt P(„Charlotte sitzt zwischen zwei Freunden") $= \frac{12}{24} = \frac{1}{2} = 0{,}5$.

b) Charlotte und Tim können auf 6 Möglichkeiten nebeneinander sitzen, nämlich CTFF, TCFF, FCTF; FTCF; FFCT; FFTC. Für die beiden anderen Freunde gibt es nur 2 Möglichkeiten. Damit gibt es $6 \cdot 2 = 12$ Sitzmöglichkeiten und es gilt:

P(„Charlotte sitzt neben Tim") $= \frac{12}{24} = \frac{1}{2} = 0{,}5$.

c) Es geht nur CFFT und TFFC. Damit haben sowohl Charlotte und Tim als auch die beiden Freunde jeweils nur 2 Möglichkeiten zu sitzen, also $2 \cdot 2 = 4$.

Also gilt P(„Charlotte und Tim sitzen außen") $= \frac{4}{24} = \frac{1}{6} \approx 0{,}17$.

27 a) Auf dem ersten Platz sitzt ein Mädchen. Dann gibt es $3 \cdot 3 \cdot 2 \cdot 2 \cdot 1 \cdot 1 = 36$ Möglichkeiten, wie die Freunde sitzen können. Sitzt auf dem ersten Platz ein Junge, gibt es wieder $3 \cdot 3 \cdot 2 \cdot 2 \cdot 1 \cdot 1 = 36$ Möglichkeiten, also insgesamt 72 Möglichkeiten für die Sitzordnung Mädchen – Junge.

b) Es gibt insgesamt $6 \cdot 5 \cdot 4 \cdot 3 \cdot 2 \cdot 1 = 720$ Sitzmöglichkeiten.

Also gilt P(„Mädchen – Junge") $= \frac{72}{720} = \frac{1}{10} = 0{,}1 = 10\,\%$.

28 Es gibt $4^5 = 1024$ Antwortmöglichkeiten.

Mit einer Wahrscheinlichkeit von P(„alle richtig") $= \frac{1}{1024} \approx 0{,}00098$ kreuzt der Schüler alle Antworten richtig an.

29 Es gibt insgesamt $10 \cdot 9 \cdot 8 = 720$ Möglichkeiten, die Preise zu verteilen.

$P(A) = \frac{1}{720} \approx 0{,}0014$

Es gibt $3 \cdot 2 \cdot 1 = 6$ Möglichkeiten für die 3 Geschwister, einen der Preise zu erhalten.

$P(B) = \frac{6}{720} \approx 0{,}0083$

Es gibt die Möglichkeiten Sxx, xSx, xxS

$P(C) = 3 \cdot \left(\frac{1}{10} \cdot \frac{7}{9} \cdot \frac{6}{8}\right) = \frac{126}{720} = 0{,}175$

Für die ersten 3 Plätze gibt es $7 \cdot 6 \cdot 5 = 210$ Möglichkeiten. Also ist $P(D) = \frac{210}{720} \approx 0{,}292$

30 Es gibt $4 \cdot 3 \cdot 2 \cdot 1$ Kombinationsmöglichkeiten.

☐ $\frac{1}{4}$ ☐ $\frac{1}{16}$ ☒ $\frac{1}{24}$ ☐ $\frac{1}{256}$

31 A: Es gibt $\binom{100}{3}$ Möglichkeiten, 3 Flaschen aus 100 zu ziehen und $\binom{90}{3}$ Möglichkeiten, 3 fehlerlose Flaschen zu ziehen.

Also gilt $P(A) = \frac{\binom{90}{3}}{\binom{100}{3}}$.

Anderer Lösungsweg: $P(A) = \frac{90}{100} \cdot \frac{89}{99} \cdot \frac{88}{98}$

B: $P(B) = 1 - P(\text{„alle ganz"}) = 1 - P(A)$
$P(A) \approx 0{,}7265$
$P(B) \approx 0{,}2735$

32 Es gibt $6 \cdot 5 \cdot 4 = 120$ Möglichkeiten, dass ein Mädchen gewinnt und $4 \cdot 3 \cdot 2 = 24$ Möglichkeiten, dass ein Junge gewinnt. Insgesamt gibt es $10 \cdot 9 \cdot 8 = 720$ Möglichkeiten, die Preise zu verteilen.

P(„nur Mädchen gewinnen") = $\frac{120}{720}$; P(„nur Jungen gewinnen") = $\frac{24}{720}$.

P(„Mädchen und Jungen") = 1 − (P(„nur Mädchen gewinnen") + P(„nur Jungen gewinnen"))
$= 1 - \frac{144}{720} = \frac{4}{5}$

☐ ≈ 0,0014 ☐ ≈ 0,0417 ☐ ≈ 0,0333 ☐ ≈ 0,2 ☒ ≈ 0,8

33 Es gibt insgesamt $\binom{10}{5} = 252$ Möglichkeiten, 5 Kugeln aus 10 Kugeln zu ziehen und „6 über 5" = 6 Möglichkeiten, aus 6 weißen Kugeln 5 weiße Kugeln zu ziehen.

B: (wswsw) und (swsws)

$P(A) = \frac{6}{252} \approx 0{,}0238$

$P(B) = \frac{6}{10} \cdot \frac{4}{9} \cdot \frac{5}{8} \cdot \frac{3}{7} \cdot \frac{4}{6} + \frac{4}{10} \cdot \frac{6}{9} \cdot \frac{3}{8} \cdot \frac{5}{7} \cdot \frac{2}{6} \approx 0{,}0714$

34 a)

	B	$\overline{B}$	Summe
A	$\frac{629}{1105}$	$\frac{9}{1105}$	$\frac{638}{1105}$
$\overline{A}$	$\frac{29}{1105}$	$\frac{438}{1105}$	$\frac{467}{1105}$
Summe	$\frac{658}{1105}$	$\frac{447}{1105}$	$\frac{1105}{1105}$

b) $P_A(B) = \frac{\frac{629}{1105}}{\frac{638}{1105}} = \frac{629}{638} \approx 0{,}986 = 98{,}6\,\%$

c) $\frac{\frac{438}{1105}}{\frac{467}{1105}} = \frac{438}{467} \approx 0{,}938 = 93{,}8\,\%$

35 a) A: Anzeige lesen; B: Produkt kaufen
$P(A) = 0{,}4$; $P(\overline{A}) = 0{,}6$ $P(A \cap B) = 0{,}4 \cdot 0{,}15 = 0{,}06$ $P(\overline{A} \cap B) = 0{,}6 \cdot 0{,}05 = 0{,}03$

	B	$\overline{B}$	Summe
A	0,06	0,34	0,4
$\overline{A}$	0,03	0,57	0,6
Summe	0,09	0,91	1

$P(B) = 0{,}06 + 0{,}03 = 0{,}09$; $P(\overline{B}) = 0{,}34 + 0{,}57 = 0{,}91$

b) $P_A(B) = \frac{0{,}06}{0{,}4} = 0{,}15$

36 a) A: Mathe Leistungsfach; B: Deutsch Leistungsfach

	B	$\overline{B}$	Summe
A	5, also $\frac{5}{76} \approx 0{,}066$	40, also $\frac{40}{76} \approx 0{,}526$	45, also $\frac{45}{76} \approx 0{,}592$
$\overline{A}$	27, also $\frac{27}{76} \approx 0{,}355$	4, also $\frac{4}{76} \approx 0{,}053$	31, also $\frac{31}{76} \approx 0{,}408$
Summe	32, also $\frac{32}{76} \approx 0{,}421$	44, also $\frac{44}{76} \approx 0{,}579$	76, also $\frac{76}{76} = 1$

b) A: Antikörper; B: geimpft

	B	$\overline{B}$	Summe
A	65, also $\frac{65}{105} \approx 0{,}619$	10, also $\frac{10}{105} \approx 0{,}095$	75, also $\frac{75}{105} \approx 0{,}714$
$\overline{A}$	17, also $\frac{17}{105} \approx 0{,}162$	13, also $\frac{13}{105} \approx 0{,}124$	30, also $\frac{30}{105} \approx 0{,}286$
Summe	82, also $\frac{82}{105} \approx 0{,}781$	23, also $\frac{23}{105} \approx 0{,}219$	105, also $\frac{105}{105} = 1$

c) A: Lehrerinnen; B: jünger als 45 Jahre

	B	$\overline{B}$	Summe
A	39, also $\frac{39}{74} \approx 0{,}527$	9, also $\frac{9}{74} \approx 0{,}122$	48, also $\frac{48}{74} \approx 0{,}649$
$\overline{A}$	21, also $\frac{21}{74} \approx 0{,}284$	5, also $\frac{5}{74} \approx 0{,}068$	26, also $\frac{26}{74} \approx 0{,}351$
Summe	60, also $\frac{60}{74} \approx 0{,}811$	14, also $\frac{14}{74} \approx 0{,}189$	74, also $\frac{74}{74} = 1$

2 Bernoulli-Experimente und die Binomialverteilung

1 a) Bernoulli-Experiment mit $P(T) = \frac{1}{2}$
b) Bernoulli-Experiment mit $P(T) = \frac{2}{6} = \frac{1}{3}$
c) kein Bernoulli-Experiment
d) Bernoulli-Experiment, P(T) hier unbekannt
e) Bernoulli-Experiment, P(T) hier unbekannt

2

	Zufallsexperiment	Bernoulli-Experiment	
		ja	nein
a)	Ein Würfel wird geworfen und die Augenzahl notiert.	☐	☒
b)	Aus einem Gefäß mit 8 grünen und 3 gelben Bonbons wird ein Bonbon gezogen.	☒	☐
c)	Ein Glücksrad mit den Feldern 1, 2, 3 und 4 wird gedreht.	☐	☒
d)	Eine Ladung Bananen wird auf verdorbene Bananen untersucht.	☒	☐
e)	Ein Glücksrad mit den Feldern 1, 2, 3, 4 und Krone wird gedreht. Einen Gewinn gibt es bei Krone.	☒	☐
f)	Bei zufällig ausgewählten Personen wird getestet, ob sie Blutgruppe A, B oder 0 haben.	☐	☒

3 Es sind mehrere Ereignisse möglich. Wichtig ist, dass es insgesamt nur zwei Ereignisse gibt.
Die folgenden Ereignisse sind deshalb nur Beispiele.
a) T: 1; N: keine 1 (bzw. 2; 3; 4)
b) T: 1; N: keine 1 (bzw. 2; 3; 4)
c) T: Kante; N: Rücken
d) T: fehlerlos; N: fehlerhaft
e) T: rote Kugel; N: keine rote Kugel (blau oder gelb)

4

	Zufallsexperiment	Bernoulli-Kette	
a)	Eine Münze wird 10-mal geworfen.	☒ ja	$n = 10;\ P(T) = \frac{1}{2}$
b)	Aus einer Urne mit 2 weißen und 3 schwarzen Kugeln wird 4-mal ohne Zurücklegen gezogen.	☐ ja	☒ nein
c)	Ein Würfel wird 5-mal geworfen und die Anzahl der geworfenen Einsen notiert.	☒ ja	$n = 5;\ P(T) = \frac{1}{6}$
d)	Aus einer Lostrommel mit 500 weißen und 300 schwarzen Kugeln werden 3 Kugeln ohne Zurücklegen gezogen.	☒ ja	Da die Anzahl der Kugeln so groß ist, spielt der Unterschied bei der Wahrscheinlichkeit keine Rolle. $n = 3;\ P(T) = \frac{5}{8}$
e)	Ein Würfel wird 3-mal geworfen und die Augensumme notiert.	☐ ja	☒ nein

 a)

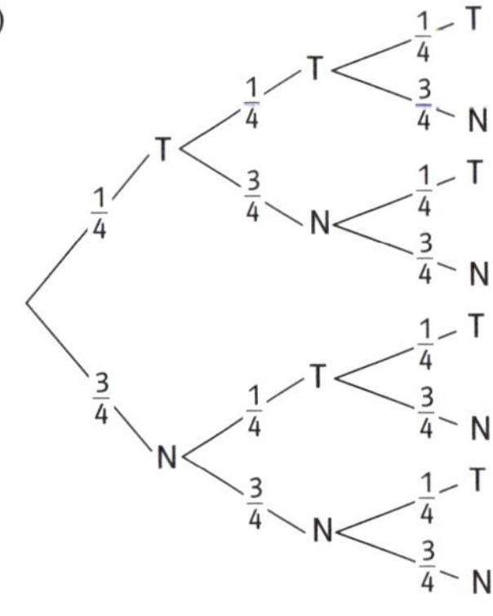

b) n = 3

c)

X = k	0	1	2	3
P(X = k)	0,4219	0,4219	0,1406	0,0156

6 a) $\binom{4}{2} = \frac{4 \cdot 3}{2 \cdot 1} = 6$ b) $\binom{5}{4} = \frac{5 \cdot 4 \cdot 3 \cdot 2}{4 \cdot 3 \cdot 2 \cdot 1} = 5$ c) $\binom{3}{2} = \frac{3 \cdot 2}{2 \cdot 1} = 3$ d) $\binom{6}{5} = \frac{6 \cdot 5 \cdot 4 \cdot 3 \cdot 2}{5 \cdot 4 \cdot 3 \cdot 2 \cdot 1} = 6$

7 a) $\binom{50}{22} \approx 8{,}87 \cdot 10^{13}$ b) $\binom{11}{3} = 165$ c) $\binom{50}{4} = 230\,300$ d) $\binom{20}{16} = 4845$

8 a) P(„nur Mädchen") = $1 \cdot 0{,}49^4 \approx 0{,}0576$ b) P(„nur Jungen") = $1 \cdot 0{,}51^3 \approx 0{,}1327$

c) P(„2 Mädchen und 2 Jungen") = $\binom{4}{2} \cdot 0{,}49^2 \cdot 0{,}51^2 \approx 0{,}3747$

9 $P(A) = 1 \cdot 0{,}4^{10} \approx 0{,}0001$ $P(B) = \binom{10}{3} \cdot 0{,}4^3 \cdot 0{,}6^7 \approx 0{,}2150$

$P(C) = \binom{10}{1} \cdot 0{,}4^1 \cdot 0{,}6^9 \approx 0{,}0403$ $P(D) = 1 \cdot 0{,}6^{10} \approx 0{,}0060$

10 $P(A) = 1 \cdot 0{,}92^{25} \approx 0{,}1244$ $P(B) = \binom{25}{20} \cdot 0{,}92^{20} \cdot 0{,}08^5 \approx 0{,}0329$

$P(C) = \binom{25}{10} \cdot 0{,}92^{10} \cdot 0{,}08^{15} \approx 0{,}000\,000\,000\,05$ $P(D) = \binom{25}{15} \cdot 0{,}92^{15} \cdot 0{,}08^{10} \approx 0{,}000\,01$

11 P(„genau 2 Figuren") = $\binom{10}{2} \cdot \left(\frac{1}{7}\right)^2 \cdot \left(\frac{6}{7}\right)^8 \approx 0{,}2676$

12 a) $P(X \geq 8) = 1 - P(X \leq 7)$ b) $P(X = 11)$ c) $P(X \leq 20)$
d) $P(X > 9) = 1 - P(X \leq 9)$ e) $P(X < 15) = P(X \leq 14)$

13 a) mehr als 14 Treffer; $P(X > 14) = 1 - P(X \leq 14) \approx 0{,}1256$
(mit GTR: 1 – binomcdf(20,0.6,14))

b) weniger als 12 Treffer; $P(X < 12) = P(X \leq 11) \approx 0{,}4044$
(mit GTR: binomcdf(20,0.6,11))

c) mindestens 8 Treffer; $P(X \geq 8) = 1 - P(X \leq 7) \approx 0{,}9790$
(mit GTR: 1 – binomcdf(20,0.6,7))

d) zwischen 6 und 10 Treffer; $P(6 \leq X \leq 10) = P(X \leq 10) - P(X \leq 5) \approx 0{,}2431$
(mit GTR: binomcdf(20,0.6,10) – binomcdf(20,0.6,5))

e) mehr als 2 und weniger als 15 Treffer; $P(2 < X < 15) = P(X \leq 14) - P(X \leq 2) \approx 0{,}8744$
(mit GTR: binomcdf(20,0.6,14) – binomcdf(20,0.6,2))

14 a) genau 20 Treffer; $P(X = 20) \approx 0{,}1146$
(mit GTR: binompdf(50,0.4,20)

b) höchstens 10 Treffer; $P(X \leq 10) \approx 0{,}0022$
(mit GTR: binomcdf(50,0.4,10)

c) mindestens 30 Treffer; $P(X \geq 30) \approx 0{,}0034$
(mit GTR: 1 – binomcdf(50,0.4,29)

d) zwischen 20 und 30 Treffer; $P(20 \leq X \leq 30) = P(X \leq 30) - P(X \leq 19) \approx 0{,}5521$
(mit GTR: binomcdf(50,0.4,30) – binomcdf(50,0.4,19)

15 a) genau 5 Sechsen; $P(X = 5) \approx 0{,}1921$
(mit GTR: binompdf(30,1/6,5)

b) höchstens 8 Sechsen; $P(X \leq 8) \approx 0{,}9494$
(mit GTR: binomcdf(30,1/6,8)

c) mindestens 4 Sechsen; $P(X \geq 4) = 1 - P(X \leq 3) \approx 0{,}7604$
(mit GTR: 1 – binomcdf(30,1/6,3))

d) mehr als 10 Sechsen; $P(X > 10) = 1 - P(X \leq 10) \approx 0{,}0067$
(mit GTR: 1 – binomcdf(30,1/6,10))

e) weniger als 12 Sechsen; $P(X < 12) = P(X \leq 11) \approx 0{,}9980$
(mit GTR: binomcdf(30,1/6,11))

f) mehr als 4 und weniger als 9 Sechsen; $P(4 < X < 9) = P(X \leq 8) - P(X \leq 4) \approx 0{,}5251$
(mit GTR: binomcdf(30,1/6,8) – binomcdf(30,1/6,4)

16 $n = 20$; $p = \frac{1}{4} = 0{,}25$

$P(A) = 0{,}75^{20} \approx 0{,}0032$ $P(B) = 0{,}25^{20} \approx 0{,}000\,000\,000\,000\,9$

$P(C) = P(X = 15) \approx 0{,}000\,003$ $P(D) = P(X \geq 10) = 1 - P(X \leq 9) \approx 0{,}0139$

$P(E) = P(X \leq 9) \approx 0{,}9861$ $P(F) = P(X > 12) = 1 - P(X \leq 12) \approx 0{,}0002$

17 $n = 100$; $p = 0{,}6$

a) $P(A) = P(X \geq 40) = 1 - P(X \leq 39) \approx 0{,}99998$

b) $P(B) = P(30 \leq X \leq 60) \approx 0{,}5379$

c) $P(C) = P(X < 25) \approx 2{,}7 \cdot 10^{-13}$

d) $P(D) = P(X = 60) \approx 0{,}0812$

e) $P(E) = P(X \leq 40) \approx 0{,}00004$

18 P(„Augensumme 7") = $\frac{1}{6}$; P(„Augensumme 6") = $\frac{5}{36}$; P(„Pasch") = $\frac{1}{6}$;

P(„6er-Pasch") = $\frac{1}{36}$; P(„Augensumme kleiner als 7") = $\frac{15}{36}$

$P(A) = P(X = 2) \approx 0{,}1982$ $P(B) = P(X \geq 2) = 1 - P(X \leq 1) \approx 0{,}8696$

$P(C) = \left(\frac{31}{36}\right)^{20} \approx 0{,}0503$ $P(D) = P(X = 3) \approx 0{,}2379$

P(E) = 1 – P(„nie 6er-Pasch") ≈ 0,4307 $P(F) = P(X \leq 9) \approx 0{,}7043$

19 zufrieden: $p = 90\,\% = 0{,}9$; unzufrieden: $p = 1 - 0{,}9 = 0{,}1$

a) $P(X \leq 2) \approx 0{,}112 = 11{,}2\,\%$ (mit dem GTR: binomcdf(50,0.1,2))

b) Wie groß ist die Wahrscheinlichkeit, dass von 20 Befragten genau 15 zufrieden sind?

c) $P(X \leq 1) = 0{,}8$ Es müssten (mindestens) 9 Personen befragt werden, damit mit einer Wahrscheinlichkeit von 80 % höchstens einer unzufrieden ist.

20 $p = 0{,}5$

a) $P(X \geq 30) = 1 - P(X \leq 29) \approx 0{,}101 = 10{,}1\,\%$ (mit dem GTR: 1 - binomcdf(50,0.5,29))

b) $P(X \geq 1) \geq 0{,}99 - 1 - P(X = 0) = 0{,}01$ (Wahrscheinlichkeit des Gegenereignisses; mit GTR Y = 1 - binompdf(x,0.5,0) und Wertetabelle)

Man muss die Münze mindestens 7-mal werfen, damit man mit einer Wahrscheinlichkeit von mindestens 99 % mindestens einmal „Kopf" erhält.

c) $P(X = 30) = 50\,\% = 0{,}5$ (mit GTR: Y = binompdf(100,x,30) und Schnitt mit Y = 0,5)

Die Wahrscheinlichkeit für Kopf, wenn bei 100 Würfen die Wahrscheinlichkeit für 30-mal Kopf 50 % beträgt, ist etwa $p \approx 0{,}306$.

21 $1 - P(X = 0) > 0{,}95$ (mit dem GTR: 1- binompdf(x,1/6,0))

Man muss mindestens 6-mal ($17 : 3 \approx 6$) an der Reihe sein, wenn man mit einer Wahrscheinlichkeit von mehr als 95 % herauskommen will.

22 a) $P(X \leq 3) \approx 0{,}7604$ (mit GTR: binomcdf(50,0.05,3))

Mit einer Wahrscheinlichkeit von etwa 76 % erhält man bei einer tatsächlichen Ausschussrate von 5 % höchstens 3 fehlerhafte Lüfter.

b) $P(X \leq k) < 0{,}9$ mit $p = 0{,}05$ (mit GTR: binomcdf(50,0.05,x))

Mit $k = 4$ ist die Wahrscheinlichkeit für einen Produktionsstopp kleiner als 10 %.

23

1. Notieren Sie die Zufallsvariable X mit zugehöriger Trefferwahrscheinlichkeit p, der Anzahl n und die geforderte Wahrscheinlichkeit m für das gesuchte Ereignis.	X: Anzahl an richtigen Antworten n = 15. Wenn jemand nur rät, ist die Wahrscheinlichkeit für eine richtige Antwort $p = \frac{1}{4} = 0{,}25$; $m \leq 0{,}02$
2. Notieren Sie die Bedingung in der Form $P(X \leq k) \geq m$ oder $P(X \leq k) \leq m$.	Es ist das kleinste k gesucht mit: $P(X \geq k) \leq 0{,}02$ | umschreiben $0{,}98 \leq P(X \leq k - 1)$
3. Bestimmen Sie k z. B. durch systematisches Probieren mit dem WTR und der kumulierten Binomialverteilung.	Mithilfe des WTR erhält man: $P(X \leq 6) \approx 0{,}943$; $P(X \leq 7) \approx 0{,}983$ $k - 1 = 7$, also $k = 8$
4. Formulieren Sie einen Antwortsatz.	Es müssen für das Bestehen des Tests mindestens 8 richtige Antworten verlangt werden.

24 X: Anzahl richtig geratener Limonade; X ist binomialverteilt mit $n = 10$ und $p = 0{,}25$; $m \leq 0{,}02$

Es ist das kleinste k gesucht mit $P(X \geq k) \leq 0{,}02$.

Also $1 - P(X \leq k - 1) \leq 0{,}02$ bzw. $P(X \leq k - 1) \geq 0{,}98$.

Mit dem WTR erhält man $P(X \leq 5) \approx 0{,}9802 \geq 0{,}98$.

Sahra sollte mindestens 6 richtig bestimmte Getränke verlangen, um auszuschließen, dass Aydin nur geraten hat.

25 a) $p = 0{,}355$ b) $p = 0{,}26$ c) $p = 0{,}255$

26 X: Anzahl der getroffenen Freiwürfe; $n = 8$; $k \geq 7$; $m > 90\,\% = 0{,}9$

$P(X \geq 7) > 0{,}9$ | umschreiben

$1 - P(X \leq 6) > 0{,}9$, also $P(X \leq 6) < 0{,}1$

$p = 0{,}9$: $P(X \leq 6) \approx 0{,}187$
$p = 0{,}93$: $P(X \leq 6) \approx 0{,}103$
$p = 0{,}94$: $P(X \leq 6) \approx 0{,}079$

Er muss eine Trefferwahrscheinlichkeit von mindestens $0{,}94 = 94\,\%$ erreichen, um mit einer Wahrscheinlichkeit von über 90 % sieben von acht Freiwürfen zu verwandeln.

27 GTR: binomcdf(50,x,10) = 0,3 mit Wertetabelle $P(\text{„Zahl"}) \approx 0{,}24$

28 Markieren Sie im Histogramm die zugehörigen Säulen. Hier sind nur die Wahrscheinlichkeiten angegeben.
$P(X = 5) \approx 0{,}223$
$P(X \leq 3) = P(X = 0) + P(X = 1) + P(X = 2) + P(X = 3) \approx 0{,}00 + 0{,}02 + 0{,}06 + 0{,}14 = 0{,}22$
$P(X \geq 9) = P(X = 9) + P(X = 10) + P(X = 11) + P(X = 12) \approx 0{,}01$
$P(4 < X < 8) = P(X = 5) + P(X = 6) + P(X = 7) \approx 0{,}22 + 0{,}18 + 0{,}10 = 0{,}5$

29 Das Histogramm gehört zu ②; da $E(X) = 3 = 10 \cdot 0{,}3$

30 a) Die Länge der Bernoulli-Kette ist $n = 8$; der höchste Wert ist bei $E(X) = 4$,
also gilt $p = \frac{E(X)}{n} = \frac{4}{8} = 0{,}5$.

b) Die Länge der Bernoulli-Kette ist $n = 12$; der höchste Wert ist bei $E(X) = 9$,
also gilt $p = \frac{E(X)}{n} = \frac{9}{12} = \frac{3}{4} = 0{,}75$.

31 a) $E(X) = 10 \cdot 0{,}4 = 4$; $\sigma = 1{,}55$
b) $E(X) = 20 \cdot 0{,}7 = 14$; $\sigma = 2{,}05$
c) $E(X) = 50 \cdot 0{,}3 = 15$; $\sigma = 3{,}24$
d) $E(X) = 200 \cdot 0{,}1 = 20$; $\sigma = 4{,}24$

32 a) $E(X) = 15 \cdot 0{,}4 = 6$; $\sigma = 1{,}9$; σ-Intervall: [14; 16]
b) $E(X) = 20 \cdot 0{,}4 = 8$; $\sigma = 2{,}19$; σ-Intervall: [6; 10]
c) $E(X) = 50 \cdot 0{,}4 = 20$; $\sigma = 3{,}46$; σ-Intervall: [17; 23]
Die Wahrscheinlichkeit, dass die Treffer im σ-Intervall liegen, beträgt immer circa 68 %.

33 a) $n = 40$; $p = 0{,}2$ b) $n = 30$; $p = \frac{2}{3}$ c) $n = 64$; $p = 0{,}75$

34 a) $n = 25$; $p = 0{,}6$; Standardabweichung: $\sigma = \sqrt{6}$
b) $n = 50$; $p = 0{,}3$; Standardabweichung: $\sigma = \sqrt{10{,}5}$

3 Testen von Hypothesen

1 H_0: $p \geq 0{,}04$
Mindestens 4 % der hergestellten Schrauben sind fehlerhaft.

2 H_0: $p \leq 0{,}05$
Höchstens 5 % der Patienten erleiden Nebenwirkungen.
H_1: $p > 0{,}05$
Mehr als 5 % der Patienten erleiden Nebenwirkungen.

3 H_0: $p = \frac{1}{6}$ (
Der Würfel ist nicht gezinkt; die Chancen für jede Zahl sind gleich.
H_1: $p \neq \frac{1}{6}$
Der Würfel ist gezinkt; die Chancen für bestimme Treffer unterscheiden sich.

4 H_0: $p \geq 0{,}3$
Der Anteil an Sammelfiguren beträgt mindestens 30 %.

5 H_0: $p \geq 0{,}04$, H_1: $p < 0{,}04$, $\alpha = 0{,}05$, $n = 200$
$P(X \leq a) \leq 0{,}05$; größtes $a = 3$
Ablehnungsbereich: [0 ; 3], Annahmebereich: [4 ; 200] (der Nullhypothese)

6 H_0: $p \leq 0{,}05$, H_1: $p > 0{,}05$, $\alpha = 0{,}05$, $n = 40$
$1 - P(X \leq b - 1) \leq 0{,}05$; kleinstes $b = 4$
Ablehnungsbereich: [5 ; 40], Annahmebereich: [0 ; 4] (der Nullhypothese)

7 H_0: $p = \frac{1}{6}$, H_1: $p \neq \frac{1}{6}$, $\alpha = 0{,}1$, $n = 30$
$P(X \leq a) \leq 0{,}05$; größtes $a = 1$
$1 - P(X \leq b - 1) \leq 0{,}05$; damit ist $b - 1 = 9$ und $b = 10$.
Ablehnungsbereich: [0 ; 1] und [10 ; 30] Annahmebereich: [2 ; 29] (der Nullhypothese)

4 Stetige Verteilungen – Normalverteilung

1 a) Die Zufallsgröße kann als stetig aufgefasst werden, da die Länge nicht nur aus ganzzahligen Werten besteht.
b) Diese Zufallsgröße ist diskret, da Anzahlen nur ganzzahlig sein können.
c) Die Zufallsgröße kann als stetig aufgefasst werden, da das Gewicht nicht nur aus ganzzahligen Werten besteht.

2 X ist normalverteilt mit $\mu = 65\,\text{mm}$ und $\sigma = 1\,\text{mm}$.
a) $P(X < 64) = P(X \leq 63) \approx 0{,}0228$.
Die Wahrscheinlichkeit dafür, dass die Schraubenlänge kleiner als 64 mm ist, beträgt etwa 2,3 %.
b) Gesucht ist die kleinstmögliche natürlich Zahl g mit $P(65 - g \leq X \leq 65 + g) = 0{,}99$.
Aus Symmetriegründen muss gelten: $P(X \leq 65 + g) = 0{,}5 + \frac{0{,}99}{2} = 0{,}995$
TR: $P(X \leq 67) \approx 0{,}9772$; $P(X \leq 68) \approx 0{,}9987$ und damit ist $g = 3$.
Der Hersteller kann somit eine Längengenauigkeit von 62 mm bis 68 mm garantieren.

3 a) Die Wahrscheinlichkeit beträgt 44,53 %. b) Die Wahrscheinlichkeit beträgt 47,51 %.

4 a)

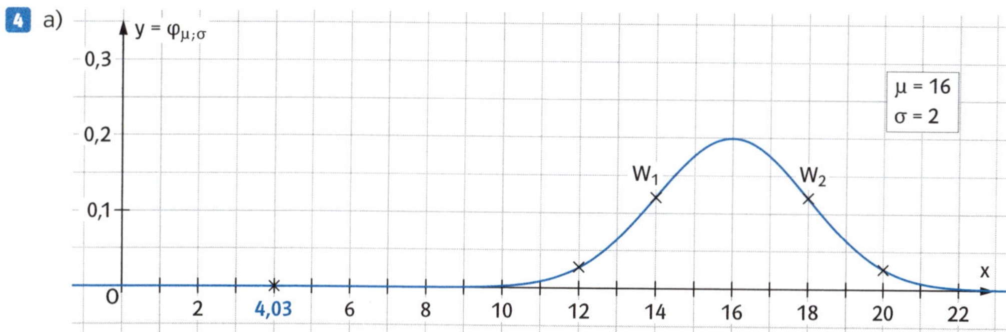

b)

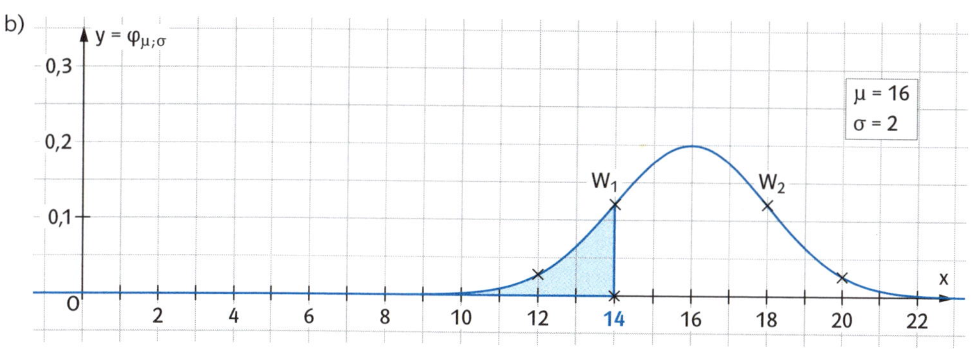

$P(X \leq 14) \approx 1{,}5$

5 a) $\mu = 6$; $\sigma = 2$ b) $P(X = 3) = 0$ c) $P(4 \leq X \leq 9) \approx 0{,}7$

Bibliografische Information der Deutschen Nationalbibliothek
Die Deutsche Nationalbibliothek verzeichnet diese Publikation in der Deutschen Nationalbibliografie; detaillierte bibliografische Daten sind im Internet über http://dnb.dnb.de abrufbar.

1. Auflage 2022

www.klett-lerntraining.de; kundenservice@klett-lerntraining.de

Satz und grafische Zeichnungen: DTP-Studio Andrea Eckhardt, Göppingen
Druck: Plump Druck & Medien GmbH, Rheinbreitbach
Printed in Germany
ISBN 978-3-12-949689-3